土壤特性的时空变异性及其应用研究

刘继龙　马孝义　汪可欣　张振华　著

中国水利水电出版社
www.waterpub.com.cn

内 容 提 要

  本书针对土壤特性具有时空变异性，以陕西杨凌和山东烟台为研究平台，利用传统统计学、地统计学、分形理论和土壤传递函数等方法，对土壤特性的时空变异性及其应用进行了研究。全书共分为八章，其内容分别是：土壤特性时空变异性的研究进展；土壤水盐的时空变异性研究；土壤基本物理特性的分形特征研究；土壤水分的垂直变化规律与转换研究；土壤粒径分布分形维数的分形特征及其应用研究；土壤水分特征曲线的分形特征及其应用研究；Green－Ampt 入渗模型累积入渗量显函数的适用性研究；土壤入渗特性的分形特征与土壤传递函数研究。

  本书可供从事农业水土工程、土壤物理学、精准农业及其他相关专业教学和科研等工作的读者借鉴与参考。

图书在版编目（ＣＩＰ）数据

土壤特性的时空变异性及其应用研究 ／ 刘继龙等著
－－ 北京 ： 中国水利水电出版社，2012.8
ISBN 978-7-5170-0129-4

Ⅰ．①土… Ⅱ．①刘… Ⅲ．①土壤学－研究 Ⅳ．
①S15

中国版本图书馆CIP数据核字(2012)第207225号

书　　名	**土壤特性的时空变异性及其应用研究**
作　　者	刘继龙　马孝义　汪可欣　张振华　著
出版发行	中国水利水电出版社
	（北京市海淀区玉渊潭南路 1 号 D 座　100038）
	网址：www. waterpub. com. cn
	E－mail：sales@waterpub. com. cn
	电话：(010) 68367658（发行部）
经　　售	北京科水图书销售中心（零售）
	电话：(010) 88383994、63202643、68545874
	全国各地新华书店和相关出版物销售网点
排　　版	中国水利水电出版社微机排版中心
印　　刷	三河市鑫金马印装有限公司
规　　格	184mm×260mm　16 开本　9 印张　213 千字
版　　次	2012 年 8 月第 1 版　2012 年 8 月第 1 次印刷
印　　数	0001—1000 册
定　　价	**36.00 元**

作者简介

刘继龙，男，1981 年 4 月生，汉族，山东省五莲县人，中共党员，博士，讲师。分别于 2004 年和 2007 年在鲁东大学获学士和硕士学位，2010 年在西北农林科技大学获博士学位，2010 年 7 月进入东北农业大学工作，2011 年 11 月进入东北农业大学农业工程博士后科研流动站从事博士后研究工作。目前主要从事农业水土资源系统分析与优化利用方面的研究。先后主持和参加了各级各类科研项目 7 项，发表学术论文 37 篇（EI 收录 9 篇），获科研奖励 4 项，申请实用新型专利 3 项，获得软件著作权 2 项。

马孝义，男，1965 年 1 月生，汉族，陕西省凤翔人，教授，博士，博士生导师，享受国家政府津贴。1984 年毕业于陕西机械学院水利系，1994 年毕业于西北农业大学，获博士学位，同年留校。2010 年任水利与建筑工程学院院长。目前主要从事高新技术在农业水土工程中的应用与灌区信息化技术等方面研究。主持和参与国家及省部级科研项目 20 余项，获国家科技进步二等奖 2 项、陕西省科技进步一等奖和三等奖各 1 项，国家优秀教学成果二等奖 1 项。获 10 余项国家专利、10 余项计算机软件著作权。主编和参编著作、教材 10 部。发表论文共 140 余篇，其中 SCI、EI 收录 25 篇。

汪可欣，女，1980 年 2 月生，汉族，辽宁开原人，博士，讲师。2004 年毕业于沈阳农业大学，获工学学士学位，同年就读该校农业水土工程专业攻读硕士学位，2006 年免试保送攻读该校农业水土工程专业博士学位，2009 年获工学博士学位，同年进入东北农业大学工作，2010 年 5 月进入东北农业大学农业工程博士后科研流动站从事博士后研究工作。目前主要从事农业水土资源开发利用与管理方面的研究。先后主持和参加了各级各类科研项目 8 项，发表学术论文 16 篇（EI 收录 1 篇），获得软件著作权 2 项。

张振华，男，1971 年 9 月生，河北省莱城人，教授，博士，硕士生导师。分别于 1996 年和 1999 年在西北农业大学获学士和硕士学位；2002 年在西北农林科技大学获博士学位；同年进入鲁东大学工作。目前主要从事区域水土资源高效利用方面的研究。先后主持和参加了多项国家及省部级科研项目，目前主持鲁东大学中青年自然科学基金 1 项。获甘肃省科技进步一等奖 1 项、山东省高等学校优秀科研成果奖 2 项。申请专利 7 项，出版专著 1 部。在《农业工程学报》和《土壤学报》等期刊发表学术论文 30 余篇。

前　言

　　土壤是生物、气候、母质、地形、时间和人类活动等因素综合作用下的产物。受这些因素的影响，土壤的各种特性随取样位置和取样时间的变化呈现出非均一性，这种非均一性称为土壤特性的时空变异性。土壤是一种复杂的自然空间实体，其空间分布常常不是单纯的一种，而是多种或多层次结构的叠加，这使得土壤特性的空间变异性随尺度变化呈现出明显的尺度效应。土壤特性具有时空变异性，给灌溉科学、土壤学和水土资源管理等水土学科的研究应用带来很多困难，研究土壤特性的时空变异性可以解决一系列相关问题。如研究结果能够为研究区域土壤过程的预测和模拟更接近田间土壤实际情况、取样方案的设计、田间试验精度的提高、土地利用规划的制定、土壤资源的利用、精准农业的实施和生态环境的修复等提供有效途径和指导，将进一步深化和丰富水土学科的理论与知识，有力推动这些学科的发展，并使其研究能更好地服务于实践。

　　基于上述研究背景，本书以陕西省杨凌和山东省烟台为研究平台，利用传统统计学、地统计学、分形理论和土壤传递函数等方法对土壤含水率、土壤电导率、土壤颗粒组成、土壤水分特征曲线、土壤入渗特性和有机质含量等土壤特性的时空变异性及其应用进行了研究，以期为研究区域水土资源的科学管理、高效可持续利用提供指导，并为国内外学者的相关研究提供参考。

　　全书共分为八章。第一章介绍土壤特性时空变异性的研究进展、研究方法与研究区概况。第二章研究土壤水盐的时空变异性以及取样尺度与取样时间对土壤水盐合理取样数目的影响等。第三章研究土壤基本物理特性的分形特征以及不同土层土壤基本物理特性之间的相互关系。第四章研究土壤水分在垂直方向上的变化规律以及表层土壤水分与深层土壤水分的转换关系。第五章研究土壤粒径分布分形维数的分形特征以及土壤粒径分布分形维数与土壤颗粒组成之间的函数关系。第六章研究土壤水分特征曲线与影响因素在多尺度上的相关性，在此基础上建立田间尺度和区域尺度上土壤水分特征曲线的土壤传递函数。第七章基于 Green-Ampt 入渗模型与 Philip 入渗模型之间的关系，建立 Green-Ampt 入渗模型累积入渗量的显函数，并对其在不同条件下的适用性进行研究。第八章研究土壤入渗特性与影响因素在多尺度上的相关性，建立考虑尺度效应的土壤入渗特性的土壤传递函数。

在本书编写过程中，参阅、借鉴和引用了许多关于土壤特性时空变异性的论文、专著、教材和其他相关资料，在此向各位作者表示衷心的谢意。此外，在编写过程中，西北农林科技大学马孝义教授、东北农业大学付强教授、鲁东大学张振华教授、中国科学院水利部水土保持研究所王海江博士、西北农林科技大学姚付启博士和哈尔滨工业大学张玲玲博士给予了大量指导与帮助，在此谨致以诚挚的谢意。

本书的出版得到了黑龙江省教育厅科学技术研究项目（No. 12511046）、黑龙江省博士后资助项目（No. LBH－Z11226）、节水农业黑龙江省高校重点实验室开放基金（2011KFJ02）、国家自然科学基金项目（No. 50879072）和西北农林科技大学人才专项资金项目（No. BJRC－2009－001）的联合资助。在此，对国家、黑龙江省和学校给予的支持表示衷心的感谢。

土壤特性的时空变异性研究涉及农业、土壤和水科学等学科，研究内容和研究方法众多。本书只对土壤特性在不同空间尺度上的时空变异性进行了初步探讨，加之编者水平有限，书中难免存在缺点和不足，恳请读者批评指正。

作者

2012 年 4 月于哈尔滨

目 录

第一章 绪 论

第一节 土壤特性时空变异性的研究进展

国外学者对土壤特性时空变异性的研究早于国内学者。20 世纪 70 年代开始，北美和西欧出现了研究土壤特性空间变异性的高潮，20 世纪 70 年代后期，国外学者对土壤特性的空间变异性进行了大量研究。进入 20 世纪 80 年代以后，我国学者逐渐意识到研究土壤特性空间变异性的理论意义和实际意义，随后国内学者利用传统统计学方法、地统计学方法、标定理论、土壤传递函数和分形理论等方法对土壤特性的空间变异性进行了大量研究。在研究土壤特性空间变异性的过程中，国内外学者发现土壤特性的空间变异性存在尺度效应，在时间上也存在变异，因而人们不断丰富空间变异性的研究内容，将空间尺度与时间因素考虑进来。

土壤特性包括土壤物理特性、土壤化学特性和土壤生物特性，涉及内容很多。本书以陕西杨凌和山东烟台为研究平台，主要研究分析了土壤含水率、土壤电导率、土壤颗粒组成、土壤水分特征曲线、土壤入渗特性和有机质含量等土壤特性的时空变异性，因此主要从上述涉及的土壤物理特性和土壤化学特性指标方面阐述分析这一领域的研究进展。

一、单一尺度土壤特性空间变异性的研究进展

目前国内外学者从不同角度和不同方面对土壤特性的时空变异性进行了研究，其中许多研究没有涉及空间尺度和时间变化对土壤特性变异性的影响，只是对土壤特性在某一采样尺度和某一采样时期上的时空变异性进行了研究[1-27]。如 Ersahin 等[1]研究分析了不同土壤水压力下土壤含水量的空间变异性，结果表明其空间依赖性较强，其变异性随土壤水压力的降低而增加；Jung 等[2]研究分析了农田土壤特性的空间变异性，发现不同土层砂粒、粉粒和黏粒含量的空间分布特征变化较大；姚荣江等[3]研究分析了黄河三角洲地区不同土层土壤容重的空间变异性，发现不同土层土壤容重的空间依赖性小；蒋勇军等[4]对典型岩溶流域土壤有机质的空间变异性进行了研究，结果发现流域土壤有机质含量的空间变异具有各向异向性，由空间自相关部分引起的空间变异性的程度较大，其空间分布与流域地质、地貌及土地利用表现出明显的一致性；Huang 等[5]研究分析了耕作对有机质和全氮时空变异性的影响，结果发现适当的土地管理措施可大大提高农业生态系统积聚有机碳的能力；Rüth 等[6]研究分析了红壤土砂粒、粉粒和黏粒含量的空间变异性，结果发现它们的空间变异性主要由内在因素造成；Wang 等[7]对中国西北部农业绿洲土壤盐分的空间变异性进行了研究，结果表明土壤盐分具有强烈的空间相关性，主要由结构性因素造成；Wang 等[8]对不同土地利用方式下土壤全氮和全磷的空间变异性进行了研究，结果发现土地利用方式对全氮和全磷的空间变异性具有显著影响，模拟、预测土壤养分状态和运移时

须考虑其影响；刘璐等[9]研究分析了喀斯特木论自然保护区土壤养分的空间变异特征，结果发现研究区土壤 pH 值表现为弱变异，其他各养分指标均为中等程度变异，植被、地形和高异质性的微生境是造成研究区域土壤养分格局差异的主要因素；张世文等[10]对县域尺度表层土壤质地空间变异及其影响因素进行了研究，发现土壤质地各颗粒表现出极强的空间自相关性，空间变异主要由结构性因素引起，研究区土壤质地空间格局主要受地形和母质等自然因素影响。

二、不同尺度土壤特性空间变异性的研究进展

在研究土壤特性空间变异性的过程中，人们发现土壤是一种复杂的自然空间实体，其空间分布常常不是单纯的一种，而是多种或多层次结构的叠加，其空间变异性随尺度变化呈现出明显的尺度效应，于是多尺度分析逐渐成为研究土壤特性空间变异性的一个重点和热点[28-47]。如徐英等[28]研究分析了黄河河套平原土壤水盐在不同尺度上的空间变异性，结果发现土壤水盐随着采样尺度变化表现出不同的结构性，采样尺度的划分和选取与土壤水盐的空间变异性大小有密切关系；Zeleke 等[29]研究分析了饱和导水率的空间变异性及其与土壤基本物理特性的尺度相关性，结果表明造成观测尺度和多尺度上饱和导水率空间变异性的主要因素并不相同；冯娜娜等[30]研究分析了茶园土壤颗粒组成的空间变异性，发现不同尺度下土壤颗粒组成的空间变异特征不完全相同；Zeleke 等[31]研究分析了水势为 0kPa、-30kPa 和 -1500kPa 时土壤含水量（WS_0、WS_{30} 和 WS_{1500}）的空间变异性及其与土壤基本物理特性的尺度相关性，结果表明多尺度上引起 WS_0 和 WS_{30} 空间变异性的因素不同，引起 WS_{1500} 空间变异性的因素一致；王红等[32]对不同空间尺度和不同土层土壤盐分的空间变异性进行了研究，结果发现随着采样间隔的增加和区域的扩大，土壤盐分的空间相关性增强，且下层比上层具有更高的空间相关性；张继光等[33]对喀斯特洼地土壤水分的空间变异性及尺度效应进行了研究，结果发现土壤水分的半方差参数随观测尺度呈现明显的尺度效应，且尺度效应不随平均含水量而变化，仅与采样设计相联系；王淑英等[34]研究分析了两个尺度下有机质和全氮的空间变异特征，结果发现两个尺度下有机质和全氮含量受地形、土壤类型、土地利用方式以及施肥等因素的影响，均表现出明显不同的分布规律；于婧等[35]对江汉平原典型区农田土壤全氮空间变异的多尺度套合进行了研究，发现土壤全氮空间变异性的尺度效应明显，400m 和 100m 采样间距上影响氮素空间变异的因子显著不同；刘继龙等[36]对不同土层 VG 模型参数的空间变异性及其主要影响因素进行了研究，结果发现引起不同尺度上和不同土层 VG 模型参数空间变异性的显著因素都有所差异；杨奇勇等[37]研究分析了禹城市耕地土壤速效磷和速效钾在县级和镇级采样尺度下的空间变异特征，发现随尺度变化两者呈现出不同的分布规律，随着采样尺度的缩小，两者变异系数都增大，县级采样尺度下两者的空间自相关距离较大，镇级采样尺度下两者的空间自相关距离明显变小。

三、土壤特性时空变异性的研究进展

土壤特性具有时间上的连续性，随着时间的变化，土壤特性会呈现出某种变异特征，于是人们将时间因素考虑进来，逐步开展了时间变化对土壤特性变异的影响研究[48-66]，

如 Qiu 等[48]对黄土高原土壤水分的时空变异性进行了研究，结果表明土壤平均含水量较高时，土壤水分的空间变异性通常较弱，土地利用方式和地形等环境因子对土壤水分的空间变异性具有显著影响，但不同土层这些环境因子对其影响程度不同；朱静等[49]研究分析了长江三角洲典型地区农田土壤有机质的时空变异特征及其影响因素，结果发现 20 年来研究区域土壤有机质总体上呈增长趋势，但其增长速度在不同土系间有所差别，这种时空演变现象的出现与秸秆还田面积的减少、农业产业结构、种植结构的调整、土壤质地等因素有关；罗勇等[50]对红壤丘岗区土壤水分时空变异性进行了研究，结果发现研究区域土壤水分表现出明显的各向异性且季节性变化明显，在冬季，土地利用和微地形共同影响土壤水分变异特征，在春季，土地利用是土壤水分变异的主导因素；Zheng 等[51]研究分析了滴灌条件下土壤盐分的时空变异性，发现地形和气候变化对其影响非常显著；Alletto 等[52]对两种耕作状态下土壤容重的时空变异性进行了研究，发现时间变化对其变异性具有显著影响；Penna 等[53]研究分析了不同土层土壤水分的时空变异性，发现引起不同土层土壤水分时空变异性的主要物理过程有所差异；刘继龙等[54]研究土壤水分的时空变异性时发现其变异性随土壤含水量的增加呈减小趋势；舒彦军等[55]对陕西省陈仓区土壤养分的时空变异性进行了研究，发现在时间特征上，研究区有机质整体呈下降趋势，碱解氮整体呈上升趋势，地形、气候和过度垦殖等自然原因和人为因素对其影响比较显著；朱乐天等[56]对黄土丘陵区不同土地利用类型土壤水分的时空变异性进行了研究，结果发现从总体趋势上来看，土壤水分的时空格局与降雨季节变化、植物蒸腾作用以及土地耕作利用方式密切相关；余世鹏等[57]研究分析了我国不同水热梯度带农田土壤速效钾含量的时空变异特征，结果发现影响不同水热梯度带农田土壤钾素含量水平和近 20 多年来变化程度的主要因素是成土母质和耕作管理水平。

四、有待于进一步研究的问题

纵观目前国内外研究现状，可以发现这一领域已进行了大量研究，也取得了很多成果。从发展的视角审视已有的研究成果，还有许多方面需进一步研究，如土壤特性的空间变异性是尺度的函数[67]，各种因素和过程对土壤特性空间变异性的影响强度在不同空间尺度上不一定完全相同，研究不同空间尺度上对土壤特性空间变异性都具有显著影响的因素的研究相对较少；针对土壤特性在不同空间尺度上时空变异性的研究较多，关于如何应用和处理尺度效应的研究较少；土壤特性在水平方向和垂直方向上都存在空间变异性，针对土壤特性在水平方向和垂直方向上的空间变异性的研究较多，针对垂直方向上不同土层土壤特性空间变异性相互关系的研究相对较少，针对土壤特性在三维空间上变异的研究也较少[68,69]。

第二节　研　究　方　法

研究土壤特性时空变异性的方法众多，如经典统计学方法、随机模拟方法、标定理论、地统计学方法、土壤传递函数和分形理论等。每种方法都有各自的优缺点，受一定的约束条件限制，研究目的也不完全相同。具体应用中应根据数据的结构和研究目的选择合适的研究方法。本书中涉及的研究方法为经典统计学方法、地统计学方法土壤传递函数和分形理论。

一、经典统计学方法

经典统计学方法假设研究的空间变量为随机变量，而且是相互独立的，通过计算研究变量的均值、标准差、方差和变异系数来分析研究变量的空间变异特征。变异系数的计算公式为：

$$CV = \frac{\sigma}{\mu} \qquad\qquad (1-1)$$

式中：CV 为变异系数；σ 为标准差；μ 为均值。

变异系数的大小反映了随机变量的离散程度，即表示研究变量空间变异性的强弱，变异系数 $CV \leqslant 0.1$ 表示研究变量具有弱变异，$0.1 < CV < 1$ 表示研究变量具有中等变异，$CV \geqslant 1$ 表示研究变量具有强变异[70]。土壤特性在空间上不能看做是完全独立的，在一定范围内土壤特性具有一定的相关性。因而，经典统计学方法不能全面的揭示出土壤特性的空间变异特征，应用范围受到限制。

二、地统计学方法[71]

地统计学是在法国著名统计学家 G. Matheron 大量理论研究的基础上逐渐形成的一门新的统计学分支。地统计学的理论基础是区域化变量理论，主要研究那些分布于空间并显示出一定结构性和随机性的自然现象。传统统计学认为研究变量的观测值与空间位置无关，弄清研究变量的空间结构，对于最优采样网格设计和内插方法的选择是非常重要的，地统计学方法描述研究变量空间结构的函数是变异函数。

（一）变异函数

1. 变异函数的计算公式

变异函数是地统计分析所特有的基本工具，地统计学方法主要采用半方差函数来定量研究和分析变量的空间变异，变异函数 $\gamma(h)$ 的计算公式为：

$$\gamma(h) = \frac{1}{2N(h)} \sum_{i=1}^{N(h)} \left[Z(x_i) - Z(x_i + h) \right]^2 \qquad (1-2)$$

式中：$Z(x_i)$ 和 $Z(x_i + h)$ 分别为区域化变量在点 x_i 和 $x_i + h$ 处的值；$N(h)$ 是间距为 h 的数值对数。

变异函数具有块金值（C_0）、变程（a）和基台值（$C_0 + C$）三个主要参数。其中块金值代表了一种由非采样间隔所造成的变异；当变异函数随着间隔距离 h 的增大，从非零值达到一个相对稳定的常数时，该常数称为基台值；基台值是系统或系统属性中最大的变异，变异函数达到基台值时的间隔距离称为变程，在变程以外，区域化变量空间相关性消失。块金值与基台值之比表示系统变量的空间相关性的程度，比值小于 25% 表示系统具有强烈的空间相关性；比值大于 75% 表示系统具有弱空间相关性；介于两者之间表示系统具有中等空间相关性[72]。

2. 变异函数理论模型

（1）纯块金效应模型。

$$\gamma(h)=\begin{cases} 0 & h=0 \\ C_0 & h>0 \end{cases} \qquad (1-3)$$

纯块金效应模型表示区域化变量为随机分布，变量的空间相关不存在。

（2）球状模型。

$$\gamma(h)=\begin{cases} 0 & h=0 \\ C_0+C\left(\dfrac{3h}{2a}-\dfrac{h^3}{2a^3}\right) & 0<h\leqslant a \\ C_0+C & h>a \end{cases} \qquad (1-4)$$

（3）指数模型。

$$\gamma(h)=\begin{cases} 0 & h=0 \\ C_0+C(1-e^{-\frac{h}{a}}) & h>0 \end{cases} \qquad (1-5)$$

式（1-5）中的 a 不是变程，指数模型的变程等于 $3a$。

（4）高斯模型。

$$\gamma(h)=\begin{cases} 0 & h=0 \\ C_0+C(1-e^{-\frac{h^2}{a^2}}) & h>0 \end{cases} \qquad (1-6)$$

式（1-6）中的 a 不是变程，高斯模型的变程等于 $\sqrt{3}a$。

（5）线性有基台值模型。

$$\gamma(h)=\begin{cases} C_0 & h=0 \\ Ah & 0<h\leqslant a \\ C_0+C & h>a \end{cases} \qquad (1-7)$$

线性有基台值模型的基台值为 C_0+C，变程为 a。

（6）线性无基台值模型。

$$\gamma(h)=\begin{cases} C_0 & h=0 \\ Ah & h>0 \end{cases} \qquad (1-8)$$

线性无基台值模型没有基台值，也没有变程。

（二）克立格法

1. 克立格法简介

克立格法，又称空间局部估计或空间局部插值法，是地统计学的主要内容之一。克立格法是建立在变异函数理论及结构分析基础之上的。它是在有限区域内对区域化变量的取值进行无偏最优估计的一种方法。克立格法适用的条件是，如果变异函数和相关分析的结果表明区域化变量存在空间相关性，则可以运用克立格法对空间未抽样点或未抽样区域进行估计。其实质是利用区域化变量的原始数据和变异函数的结构特点，对未采样点的区域化变量的取值进行线性无偏、最优估计。从数学上看，这是对空间分布的数据求线性最优无偏内插估计的一种方法。

具体而言，克立格法是根据待估样本点（或块段）有限邻域内若干已测定的样本点数据，在考虑了样本点的形状、大小和空间相互位置关系，与待估样本点的相互空间位置关系，以及变异函数提供的结构信息之后，对待估样本点值进行线性无偏最优估计。

2. 克立格估计量

克立格法是将任一个点的估计值通过该点影响范围内的 n 个有效样本值 $Z(x_i)$ 的线性组合得到，即：

$$Z_v^* = \sum_{i=1}^{n} \lambda_i Z(x_i) \tag{1-9}$$

式中：Z_v^* 为待估点的估计值；$Z(x_i)$ 为已知样本值；λ_i 为权重系数，表示各个样本值 $Z(x_i)$ 对估计值 Z_v^* 的贡献大小，估计值 Z_v^* 的好坏主要取决于怎样计算或选择权重系数 λ_i。

三、土壤传递函数

快速准确地获取土壤水分运动参数对于确定灌水技术参数、水文产流计算与研究土壤侵蚀等都具有十分重要的意义。因此，研究尺度较大时，如何快速准确地获取土壤水分运动参数一直是灌溉科学、土壤学和水土资源管理等学科的研究热点。研究尺度较大和精度要求不高时，可以通过建立土壤水分运动参数的土壤传递函数来快速和较为准确地获取土壤水分运动参数，即建立土壤水分运动参数与土壤颗粒组成、土壤容重和有机质含量等土壤基本物理特性之间的函数关系。

由于土壤水分运动参数本质上是由土壤质地决定的，因此土壤传递函数估算土壤水分运动参数具有一定的合理性，此外，进行大尺度研究时，应用土壤传递函数估算土壤水分运动参数解决了实测数据不足的问题，还节省了大量的人力、物力和财力。但土壤传递函数方法本身也存在一些不足，如土壤传递函数多为经验公式，物理意义不是很明确，在某一地区建立的土壤传递函数在其他地区不一定能适用[73,74]。

四、分形理论

分形理论是 Mandebrot 于 1975 年提出的。利用分形理论研究分形体的特征时，分形体特征用分形维数表征，分形维数不同，物体的复杂程度不同[36]。土壤可以近似看作是一种分形体，因此分形理论已被广泛用来研究土壤特性的复杂程度和估算土壤水力特性参数[75-78]。利用多重分形理论分析研究对象的空间变异性时，主要确定 4 个多重分形参数：质量指数 $\tau(q)$、广义维数 $D(q)$、奇异指数 $\alpha(q)$ 及其维数分布函数 $f(q)$。上述多重分形参数的计算公式为[29,79-83]：

（一）多重分形方法

描述多重分形的参量有两套，一套为 $D(q)$ 和 q，另一套为 $\alpha(q)$ 和 $f(q)$，计算公式如下。

1. 质量概率

利用多重分形理论分析研究对象的空间变异性时，关键是要定义一个质量概率 $P_i(\delta)$，用 $P_i(\delta)$ 来表征研究对象 μ 分布的局部特征[82]。当研究尺度为 δ 时，研究对象 μ 的质量概率 $P_i(\delta)$ 可以用下式表示：

$$P_i(\delta) = \mu_i \Big/ \sum_{i=1}^{n} \mu_i \qquad (1-10)$$

式中：n 为研究尺度为 δ 时划分的区间个数；μ_i 为研究尺度为 δ 时第 i ($i=1$，2，3，…，n) 个区间上研究对象的值。

对研究对象的质量概率 $P_i(\delta)$ 用 q 次方进行加权求和，构建分配函数 $\chi_q(\delta)$：

$$\chi_q(\delta) = \sum_{i=1}^{n} P_i^q(\delta) \qquad (1-11)$$

式中：q 为质量概率 $P_i(\delta)$ 的统计矩的阶，$q \in R$；当 $q>1$ 时，研究对象 μ 的高值信息被放大；当 $q<-1$ 时，研究对象 μ 的低值信息被放大。

2. 质量指数

若研究对象 μ 具有多重分形特征，则对于任意的质量概率 $P_i(\delta)$ 的统计矩的阶 q，分配函数 $\chi_q(\delta)$ 与研究尺度 δ 之间存在以下关系：

$$\chi_q(\delta) \propto \delta^{\tau(q)} \qquad (1-12)$$

结合式（1-11）和式（1-12），可得到质量指数 $\tau(q)$ 的计算公式：

$$\tau(q) = \lim_{\delta \to 0} \frac{\log \sum_{i=1}^{n} P_i^q(\delta)}{\log \delta} \qquad (1-13)$$

3. 广义维数

广义维数 $D(q)$ 与质量指数 $\tau(q)$ 之间的转换关系为[80]：

$$D(q) = \tau(q)/(q-1) \qquad (1-14)$$

结合式（1-13）和式（1-14）可将广义维数 $D(q)$ 的计算公式表示为：

$$D(q) = \frac{1}{q-1} \lim_{\delta \to 0} \frac{\log \sum_{i=1}^{n} P_i^q(\delta)}{\log \delta} \qquad (1-15)$$

式（1-15）中，$q \neq 1$。为了保证 $D(q)$ 的连续性，当 $q=1$ 时，令 $D_1 = \lim\limits_{\delta \to 0} \dfrac{\sum_{i=1}^{n} P_i(\delta) \log P_i(\delta)}{\log \delta}$。

根据式（1-14）和式（1-15），令 $q=0$，可得到容量维数 D_0；令 $q=1$，可得到信息维 D_1；令 $q=2$，可得到关联维数 D_2。

当研究对象质量概率 $P_i(\delta)$ 的统计矩的阶 $q \geqslant 0$ 时，随 q 的增加，如果研究对象的广义维数 $D(q)$ 的减小趋势比较明显，则可判定研究对象具有多重分形特征[29,80]。

4. $\alpha(q)$ 和 $f(q)$ 的计算公式

$$\alpha(q) = \lim_{\delta \to 0} \frac{\sum_{i=1}^{n} \mu_i(q,\delta) \log P_i(\delta)}{\log \delta} \qquad (1-16)$$

$$f(q) = \lim_{\delta \to 0} \frac{\sum_{i=1}^{n} \mu_i(q,\delta) \log \mu_i(q,\delta)}{\log \delta} \qquad (1-17)$$

其中
$$\mu_i(q,\delta) = P_i^q(\delta) / \sum_{i=1}^{n} P_i^q(\delta)$$

式中：$\alpha(q)$ 为研究对象 μ 的奇异指数；$f(q)$ 为研究对象奇异指数 $\alpha(q)$ 的维数分布函数。

（二）联合多重分形方法

多重分形方法主要用于研究分析单一变量的空间变异性，联合多重分形方法定量分析和确定同一几何支撑上不同研究对象在多尺度上的相互关系。例如，利用联合多重分形方法研究和确定同一几何支撑上的研究对象 1 和研究对象 2 之间的相互关系时，需要确定的联合多重分形参数为 $\alpha^1(q^1,q^2)$、$\alpha^2(q^1,q^2)$ 和 $f(\alpha^1,\alpha^2)$，其计算公式为[29,79]：

$$\alpha^1(q^1,q^2) = -\{\log[N(\delta)]\}^{-1} \sum_{i=1}^{N(\delta)} \{\mu_i(q^1,q^2,\delta)\log[p_i^1(\delta)]\} \qquad (1-18)$$

$$\alpha^2(q^1,q^2) = -\{\log[N(\delta)]\}^{-1} \sum_{i=1}^{N(\delta)} \{\mu_i(q^1,q^2,\delta)\log[p_i^2(\delta)]\} \qquad (1-19)$$

$$f(\alpha^1,\alpha^2) = -\{\log[N(\delta)]\}^{-1} \sum_{i=1}^{N(\delta)} \{\mu_i(q^1,q^2,\delta)\log[\mu_i(q^1,q^2,\delta)]\} \qquad (1-20)$$

其中
$$\mu_i(q^1,q^2,\delta) = p_i^1(\delta)^{q^1} p_i^2(\delta)^{q^2} / \sum_{i=1}^{N(\delta)} p_i^1(\delta)^{q^1} p_i^2(\delta)^{q^2}$$

式中：$p_i^1(\delta)$ 为研究对象 1 的质量概率；$p_i^2(\delta)$ 为研究对象 2 的质量概率；$\alpha^1(q^1,q^2)$ 为研究对象 1 的联合奇异指数；$\alpha^2(q^1,q^2)$ 为研究对象 2 的联合奇异指数；$N(\delta)$ 为研究尺度为 δ 时划分的区间个数。

第三节 研究区概况

本书以陕西杨凌（研究区Ⅰ）和山东烟台（研究区Ⅱ）为研究平台，研究区Ⅰ和研究区Ⅱ的自然地理概况如下所述。

一、研究区Ⅰ概况

杨凌地处关中平原腹地，位于东经 107°55′50″～108°07′50″、北纬 34°14′30″～34°19′00″。东以漆水河与武功县为界，南以渭河与周至县相望，北以河与扶风县毗邻，西与扶风县接壤。区内三面环水，宝鸡峡二支渠、渭惠渠、渭高干渠等人工渠系越境而过，水资源丰富、水利条件优越。区内地势南低北高，依次形成三道塬坡，海拔 435.00～563.00m。境内塬、坡、滩地交错，土壤肥沃，适宜多种农作物生长。年降水量 635.10～663.90mm，年均气温 12.9℃，属暖温带季风半湿润气候区。

二、研究区Ⅱ概况

烟台地处山东半岛中部，位于东经 119°34′～121°57′、北纬 36°16′～38°23′。东连威海，西接潍坊，西南与青岛毗邻，北、南濒渤海、黄海。烟台地形属起伏缓和、谷宽坡缓的波状丘陵区，西部与胶莱平原相接，低山连绵，丘陵起伏，沟壑纵横，平原、洼地分布于河谷两岸及滨海地带。烟台地处中纬度，属于暖温带大陆性季风气候，由于受海洋调节作用的影响，与同纬度内陆地区相比，具有雨水丰富、空气湿润、气候温和等特点，全市年平均降水量为 765.4mm，年平均气温 12.7℃。烟台市河流多属半岛边沿水系，主要河流有 6 条，这些河流多为砂石河，河床比降大，源短流急，涨落急剧，径流量受季节影响非常明显，枯水季节河床暴露，汛期季节山洪流量突增至二三千倍，雨过洪水速落，属季风区雨源型河流。全市土壤分 7 个土类，18 个亚类，其中棕壤占总土壤面积的 77.9％，分布在山地、丘陵的坡面上，或以洪冲积物状态分布在山麓和山前倾斜平原上，其次是潮土和褐土，分别占土壤总面积的 13.1％和 7.2％，盐土、砂姜黑土、风砂土和水稻土比例较小，分别占土壤总面积的 0.8％、0.9％、0.06％和 0.03％[84]。

参 考 文 献

[1] Ersahin S, Brohi A R. Spatial variation of soil water content in topsoil and subsoil of a typic ustifluvent [J]. Agricultural Water Management, 2006, 83 (1 - 2): 79 - 86.

[2] Jung W K, Kitchen N R, Sudduth K A, et al. Spatial characteristics of claypan soil properties in an agricultural field [J]. Soil Sci. Soc. Am. J., 2006, 70: 1387 - 1397.

[3] 姚荣江, 杨劲松, 刘广明. 黄河三角洲地区土壤容重空间变异性分析 [J]. 灌溉排水学报, 2006, 25 (4): 11 - 15.

[4] 蒋勇军, 袁道先, 谢世友, 等. 典型岩溶流域土壤有机质空间变异——以云南小江流域为例 [J]. 生态学报, 2007, 27 (5): 2040 - 2047.

[5] Huang B, Sun W X, Zhao Y C, et al. Temporal and spatial variability of soil organic matter and total nitrogen in an agricultural ecosystem as affected by farming practices [J]. Geoderma, 2007, 139 (3 - 4): 336 - 345.

[6] Rüth B, Lennartz B. Spatial variability of soil properties and rice yield along two catenas in southeast China [J]. Pedosphere, 2008, 18 (4): 409 - 420.

[7] Wang Y G, Li Y, Xiao D N. Catchment scale spatial variability of soil salt content in agricultural oasis, Northwest China [J]. Environ Geol, 2008, 56 (2): 439 - 446.

[8] Wang Y Q, Zhang X C, Huang C Q. Spatial variability of soil total nitrogen and soil total phosphorus under different land uses in a small watershed on the Loess Plateau, China [J]. Geoderma, 2009, 150 (1 - 2): 141 - 149.

[9] 刘璐, 曾馥平, 宋同清, 等. 喀斯特木论自然保护区土壤养分的空间变异特征 [J]. 应用生态学报, 2010, 21 (7): 1667 - 1673.

[10] 张世文, 黄元仿, 苑小勇, 等. 县域尺度表层土壤质地空间变异与因素分析 [J]. 中国农业科学, 2011, 44 (6): 1154 - 1164.

[11] 肖波, 王庆海, 尧水红, 等. 黄土高原东北缘退耕坡地土壤养分和容重空间变异特征研究 [J]. 水土保持学报, 2009, 23 (3): 92 - 96.

[12] 连纲, 郭旭东, 傅伯杰, 等. 黄土高原小流域土壤容重及水分空间变异特征 [J]. 生态学报, 2006, 26 (3): 647 - 654.

[13] 郑纪勇, 邵明安, 张兴昌. 黄土区坡面表层土壤容重和饱和导水率空间变异特征 [J]. 水土保持学报, 2004, 18 (3): 53 - 56.

[14] 姚月锋, 蔡体久. 丘间低地不同年龄沙柳表层土壤水分与容重的空间变异 [J]. 水土保持学报, 2007, 21 (5): 114 - 117.

[15] 张世熔, 黄元仿, 李保国. 冲积平原区土壤颗粒组成的趋势效应与异向性特征 [J]. 农业工程学报, 2004, 20 (1): 56-60.

[16] 贾晓红, 李新荣, 张景光, 等. 沙冬青灌丛地的土壤颗粒大小分形维数空间变异性分析 [J]. 生态学报, 2006, 26 (9): 2827-2833.

[17] 刘付程, 史学正, 潘贤章, 等. 苏南典型地区土壤颗粒的空间变异特征 [J]. 土壤通报, 2003, 34 (4): 246-249.

[18] 林正雨, 高雪松, 邓良基, 等. 微地形土壤颗粒分形维数的空间变异特征研究 [J]. 土壤通报, 2009, 40 (3): 471-475.

[19] 姚荣江, 杨劲松, 刘广明, 等. 黄河三角洲地区典型地块土壤盐分空间变异特征研究 [J]. 农业工程学报, 2006, 22 (6): 61-66.

[20] 赵锐锋, 陈亚宁, 洪传勋, 等. 塔里木河源流区绿洲土壤含盐量空间变异和格局分析——以岳普湖绿洲为例 [J]. 地理研究, 2008, 27 (1): 135-144.

[21] 莫治新, 尹林克, 文启凯. 塔里木河中下游表层土壤盐分空间变异性研究 [J]. 干旱区研究, 2004, 21 (3): 250-253.

[22] 胡顺军, 康绍忠, 宋郁东, 等. 渭干河灌区土壤水盐空间变异性研究 [J]. 水土保持学报, 2004, 18 (2): 10-12, 20.

[23] 姜秋香, 付强, 王子龙. 黑龙江省西部半干旱区土壤水分空间变异性研究 [J]. 水土保持学报, 2007, 21 (5): 118-122.

[24] 白玉, 张玉龙. 半干旱地区风沙土水分特征曲线 V. G. 模型参数的空间变异性 [J]. 沈阳农业大学学报, 2008, 39 (3): 318-323.

[25] 黄元仿, 周志宇, 苑小勇, 等. 干旱荒漠区土壤有机质空间变异特征 [J]. 生态学报, 2004, 24 (12): 2776-2781.

[26] 李强, 周冀衡, 杨荣生, 等. 马龙县植烟土壤养分空间变异特征及适宜性评价 [J]. 土壤, 2011, 43 (6): 897-902.

[27] 毛战坡, 王世岩, 周晓玲, 等. 六岔河流域多水塘-沟渠系统中土壤养分空间变异特征研究 [J]. 水利学报, 2011, 42 (4): 425-430.

[28] 徐英, 陈亚新, 史海滨, 等. 土壤水盐空间变异尺度效应的研究 [J]. 农业工程学报, 2004, 20 (2): 1-5.

[29] Zeleke T B, Si B C. Scaling relationships between saturated hydraulic conductivity and soil physical properties [J]. Soil Sci. Soc. Am. J. , 2005, 69: 1691-1702.

[30] 冯娜娜, 李廷轩, 张锡洲, 等. 不同尺度下低山茶园土壤颗粒组成空间变异性特征 [J]. 水土保持学报, 2006, 20 (3): 123-128.

[31] Zeleke T B, Si B C. Characterizing scale-dependent spatial relationships between soil properties using multifractal techniques [J]. Geoderma, 2006, 134 (3-4): 440-452.

[32] 王红, 宫鹏, 刘高焕. 黄河三角洲多尺度土壤盐分的空间分异 [J]. 地理研究, 2006, 25 (4): 649-658.

[33] 张继光, 陈洪松, 苏以荣, 等. 喀斯特洼地表层土壤水分的空间异质性及其尺度效应 [J]. 土壤学报, 2008, 45 (3): 544-549.

[34] 王淑英, 路苹, 王建立, 等. 不同研究尺度下土壤有机质和全氮的空间变异特征——以北京市平谷区为例 [J]. 生态学报, 2008, 28 (10): 4957-4964.

[35] 于婧, 聂艳, 周勇, 等. 江汉平原典型区农田土壤全氮空间变异的多尺度套合 [J]. 土壤学报, 2009, 46 (5): 938-944.

[36] 刘继龙, 马孝义, 张振华. 不同土层土壤水分特征曲线的空间变异及其影响因素 [J]. 农业机械学报, 2010, 41 (1): 46-52.

[37] 杨奇勇，杨劲松，刘广明．土壤速效养分空间变异的尺度效应 [J]．应用生态学报，2011，22（2）：431－436．

[38] 李敏，李毅，曹伟，等．不同尺度网格膜下滴灌土壤水盐的空间变异性分析 [J]．水利学报，2009，40（10）：1210－1218．

[39] 李子忠，龚元石．不同尺度下田间土壤水分和混合电导率空间变异性与套合结构模型 [J]．植物营养与肥料学报，2001，7（3）：255－261．

[40] 胡伟，邵明安，王全九．黄土高原退耕坡地土壤水分空间变异的尺度性研究 [J]．农业工程学报，2005，21（8）：11－16．

[41] 刘晶，刘学录．内陆河灌区土壤水分空间变异的尺度效应 [J]．甘肃农业大学学报，2006，41（3）：86－90．

[42] 雷咏雯，危常州，李俊华，等．不同尺度下土壤养分空间变异特征的研究 [J]．土壤，2004，36（4）：376－381．

[43] 刘世梁，郭旭东，连纲，等．黄土高原土壤养分空间变异的多尺度分析—以横山县为例 [J]．水土保持学报，2005，19（5）：105－108．

[44] 张世熔，孙波，赵其国，等．南方丘陵区不同尺度下土壤氮素含量的分布特征 [J]．土壤学报，2007，44（5）：885－892．

[45] 潘瑜春，刘巧芹，阎波杰，等．采样尺度对土壤养分空间变异分析的影响 [J]．土壤通报，2010，41（2）：257－262．

[46] 赵军，葛翠萍，商磊，等．农田黑土有机质和全量氮磷钾不同尺度空间变异分析 [J]．农业系统科学与综合研究，1007，23（3）：280－284．

[47] 盛建东，肖华，武红旗，等．不同取样尺度农田土壤速效养分空间变异特征初步研究 [J]．干旱地区农业研究，2005，23（2）：63－67．

[48] Qiu Y，Fu B J，Wang J，et al. Spatial variability of soil moisture content and its relation to environmental indices in a semi－arid gully catchment of the Loess Plateau, China [J]. Journal of Arid Environments，2001，49（4）：723－750．

[49] 朱静，黄标，孙维侠，等．长江三角洲典型地区农田土壤有机质的时空变异特征及其影响因素 [J]．土壤，2006，38（2）：158－165．

[50] 罗勇，陈家宙，林丽蓉，等．基于土地利用和微地形红壤丘岗区土壤水分时空变异性 [J]．农业工程学报，2009，25（2）：36－41．

[51] Zheng Z，Zhang F R，Ma F Y，et al. Spatiotemporal changes in soil salinity in a drip－irrigated field [J]. Geoderma，2009，149（3－4）：243－248．

[52] Alletto L，Coquet Y. Temporal and spatial variability of soil bulk density and near-saturated hydraulic conductivity under two contrasted tillage management systems [J]. Geoderma，2009，152（1－2）：85－94．

[53] Penna D，Borga M，Norbiato D，et al. Hillslope scale soil moisture variability in a steep alpine terrain [J]. Journal of Hydrology，2009，364（3－4）：311－327．

[54] 刘继龙，马孝义，张振华．土壤水盐空间异质性及尺度效应的多重分形 [J]．农业工程学报，2010，26（1）：81－86．

[55] 舒彦军，张立亭．基于时空特征的土壤养分变异分析研究——以陕西省陈仓区为例 [J]．江西农业学报，2011，23（6）：93－96，100．

[56] 朱乐天，焦峰，刘源鑫，等．黄土丘陵区不同土地利用类型土壤水分时空变异 [J]．水土保持研究，2011，18（6）：115－118．

[57] 余世鹏，杨劲松，刘广明，等．我国不同水热梯度带农田土壤速效钾含量的时空变异特征 [J]．灌溉排水学报，2011，30（2）：1－4，67．

[58] 姚荣江，杨劲松．基于电磁感应仪的黄河三角洲地区土壤盐分时空变异特征 [J]．农业工程学报，2008，24 (3)：107 - 113.

[59] 王军，傅伯杰，邱扬，等．黄土丘陵小流域土壤水分的时空变异特征—半变异函数 [J]．地理学报，2000，55 (4)：428 - 438.

[60] 管孝艳，王少丽，高占义，等．盐渍化灌区土壤盐分的时空变异特征及其与地下水埋深的关系 [J]．生态学报，2012，32 (4)：1202 - 1210.

[61] 李瑞平，史海滨，付小军，等．干旱寒冷地区冻融期土壤水分和盐分的时空变异分析 [J]．灌溉排水学报，2012，31 (1)：86 - 90.

[62] 张春华，王宗明，任春颖，等．松嫩平原玉米带土壤有机质和全氮的时空变异特征 [J]．地理研究，2011，30 (2)：256 - 268.

[63] 王娜娜，崔光淇，方玉东，等．基于 GIS 长期定位耕地土壤养分时空变异评价研究——以肥城市为例 [J]．山东农业大学学报（自然科学版），2009，40 (1)：75 - 82.

[64] 徐海，王益权，刘军，等．关中旱地小麦生育期土壤速效养分时空变异特征研究 [J]．干旱地区农业研究，2009，27 (1)：62 - 67.

[65] 吕晓东，马忠明，杨虎德．民勤绿洲耕作土壤养分时空变异特征及其影响因素 [J]．干旱区研究，2010，27 (4)：487 - 494.

[66] 徐英，蔡守华．冬小麦生育期内农田土壤速效养分的时空变异研究 [J]．沈阳农业大学学报，2009，40 (3)：296 - 300.

[67] 冯娜娜，李廷轩，张锡洲，等．不同尺度下低山茶园土壤有机质含量的空间变异 [J]．生态学报，2006，26 (2)：349 - 356.

[68] Meirvenne M V, Maes K, Hofman G. Three-dimensional variability of soil nitrate-nitrogen in an agriculture field [J]. Biology Fertility Soils, 2003, 37 (3)：147 - 153.

[69] 李洪义．滨海盐土三维土体电导率空间变异及可视化研究 [D]．杭州：浙江大学，2008.

[70] 雷志栋，杨诗秀，谢森传．土壤水动力学 [M]．北京：清华大学出版社，1988.

[71] 徐建华．现代地理学中的数学方法 [M]．北京：高等教育出版社，2002.

[72] Cambardella C A, Moorman T B, Novakj M, et al. Field-scale variability of soil properties in central lowa soils [J] . Soil Sci. Soc. Am. J. , 1994, 58：1501 - 1511.

[73] 刘建立，徐绍辉，刘慧．估计土壤水分特征曲线的间接方法研究进展 [J]．水利学报，2004，2：68 -76.

[74] 贾宏伟．石羊河流域土壤水分运动参数空间分布的试验研究 [D]．杨凌：西北农林科技大学，2004.

[75] 徐绍辉，刘建立．估计不同质地土壤水分特征曲线的分形方法 [J]．水利学报，2003，15 (3)：269 -275.

[76] 刘建国，王洪涛，聂永丰．多孔介质非饱和导水率预测的分形模型 [J]．水科学进展，2004，15 (3)：269 - 275.

[77] 尤文忠，曾德慧，刘明国，等．黄土丘陵区林草景观界面雨后土壤水分空间变异规律 [J]．应用生态学报，2005，16 (9)：1591 - 1596.

[78] 赵锐锋，陈亚宁，洪传勋，等．塔里木河源流区绿洲土壤含盐量空间变异和格局分析——以岳普湖绿洲为例 [J]．地理研究，2008，27 (1)：135 - 144.

[79] Meneveau C, Sreenivasan K R, Kailasnath P, et al. Joint multifractal measures：Theory and application to turbulence [J]. Phys. Rev. A, 1990, 41 (2)：894 - 913.

[80] Eghball B, Schepers J S, Negahban M, et al. Spatial and temporal variability of soil nitrate and corn yield：multifractal analysis [J]. Agron. J. , 2003, 95 (2)：339 - 346.

[81] Caniego F J, Espejo R, Martín M A, et al. Multifractal scaling of soil spatial variability [J]. Eco-

logical Modelling，2005，182（3 - 4）：291 - 303.

[82]　杜华强，汤孟平，周国模，等．天目山物种多样性尺度依赖及其与空间格局关系的多重分形 ［J］.
生态学报，2007，27（12）：5038 - 5049.

[83]　王德，傅伯杰，陈利顶，等．不同土地利用类型下土壤粒径分形分析——以黄土丘陵沟壑区为例
［J］. 生态学报，2007，27（7）：3081 - 3089.

[84]　中共烟台市委研究室编．烟台市情（1949—1988）［M］. 济南：山东人民出版社，1989.

第二章　土壤水盐的时空变异性研究

土壤水盐具有明显的时空变异性，且其空间变异性具有尺度效应，目前国内外学者已对土壤水盐在不同空间尺度上的时空变异性进行了大量研究[1-19]。研究分析土壤水盐在不同空间尺度上的时空变异性以及取样尺度和取样时间对土壤水盐合理取样数目的影响，能够掌握研究区域土壤水盐的空间分布特征，可为土壤水盐监测、水土资源有效管理与利用以及田间土壤水盐取样方案制定等提供参考与指导。

第一节　土壤水盐的多重分形分析

一、数据来源

在一定盐度范围内，土壤电导率与盐分含量之间密切相关，用土壤电导率表示盐分状况已经逐渐为人们所接受[20]，本书用土壤电导率表征土壤盐分。土壤含水率和土壤电导率的测定在位于杨凌的一林地内进行，林地所栽树种为七叶树、樱花和广玉兰，树龄各为5年、5年和3年。试验地总面积1.64hm²（128 m×128 m），从西南向东北划分为32m×32m、64m×64m和128m×128m共3种取样面积，其中64m×64m取样面积内主要所栽树种为广玉兰，采样点以网格法（4m×4m）布局，如图2-1所示，于2008年4月24日（降雨后）和2008年5月21日（降雨前）进行了2次定位取样，3种采样面积上取样数目分别为64、256和1024。土壤含水率利用TRIME－TDR土壤水分测量系统测定；土壤电导率利用W.E.T土壤水分、温度、电导率测量仪测定。

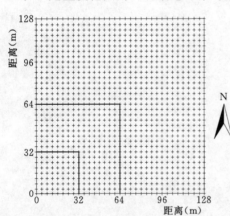

图2-1　采样点布局图

二、土壤含水率和土壤电导率的传统统计分析

（一）土壤含水率的传统统计分析

不同取样面积和不同取样时间土壤含水率的统计分析结果如表2-1所示。从表2-1可以看出，2008年4月24日32m×32m、64m×64m和128m×128m取样面积上土壤含水率的变异系数分别为0.14、0.16和0.18，2008年5月21日32m×32m、64m×64m和128m×128m取样面积上土壤含水率的变异系数分别为0.16、0.23和0.26，2008年4月

24 日与 2008 年 5 月 21 日 32m×32m、64m×64m 和 128m×128m 取样面积上土壤含水率的变异系数都介于 0.1～1 之间，即具有中等变异性，但 2008 年 5 月 21 日 3 种取样面积上土壤含水率的变异性都高于 2008 年 4 月 24 日对应取样面积上土壤含水率的变异性。

表 2-1　　　　　　　　　　　土壤含水率的统计分析结果表

取样时间 （年-月-日）	取样数目	取样面积 （m×m）	标准差	方差	变异系数
2008-04-24	64	32×32	0.04	0.001	0.14
	256	64×64	0.04	0.002	0.16
	1024	128×128	0.05	0.002	0.18
2008-05-21	64	32×32	0.03	0.001	0.16
	256	64×64	0.04	0.002	0.23
	1024	128×128	0.04	0.002	0.26

（二）土壤电导率的传统统计分析

如表 2-2 所示给出了 2008 年 4 月 24 日和 2008 年 5 月 21 日 32m×32m、64m×64m 和 128m×128m 取样面积土壤电导率的统计分析结果。由表 2-2 可知，2008 年 4 月 24 日 32m×32m、64m×64m 和 128m×128m 取样面积上土壤电导率的变异系数分别为 0.12、0.12 和 0.16，介于 0.1～1 之间；2008 年 5 月 21 日 32m×32m、64m×64m 和 128m×128m 取样面积上土壤电导率的变异系数分别为 0.06、0.07 和 0.09，介于 0～0.1 之间，这表明 2008 年 4 月 24 日 3 种取样面积上土壤电导率的空间变异性均为中等变异，2008 年 5 月 21 日 3 种取样面积上土壤电导率的空间变异性均为弱变异。

表 2-2　　　　　　　　　　　土壤电导率的统计分析结果表

取样时间 （年-月-日）	取样数目	取样面积 （m×m）	标准差	方差	变异系数
2008-04-24	64	32×32	0.15	0.024	0.12
	256	64×64	0.17	0.028	0.12
	1024	128×128	0.23	0.054	0.16
2008-05-21	64	32×32	0.11	0.011	0.06
	256	64×64	0.12	0.014	0.07
	1024	128×128	0.16	0.026	0.09

三、土壤含水率和土壤电导率的多重分形分析

（一）土壤含水率的 $D(q)$—q 曲线

根据多重分形原理可知，当土壤含水率质量概率的统计矩阶数大于等于 0 时，若随 q 的增加，土壤含水率的 $D(q)$ 逐渐减小，则说明土壤含水率具有多重分形特征[21,22]。2008 年 4 月 24 日与 2008 年 5 月 21 日 32m×32m、64m×64m 和 128m×128m 取样面积上土壤含水率的 $D(q)$—q 关系曲线分别如图 2-2 和图 2-3 所示。

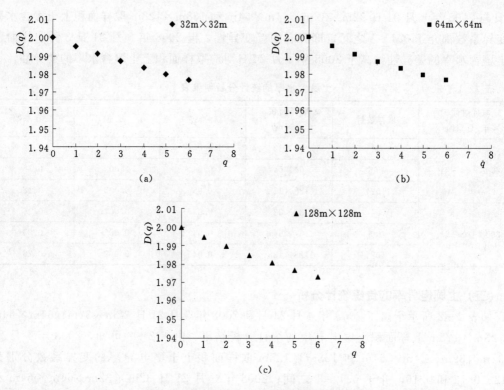

图 2-2　土壤含水率的 $D(q)$ —q 关系曲线图（2008 年 4 月 24 日）

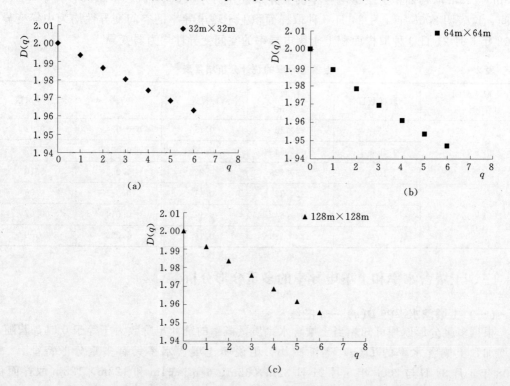

图 2-3　土壤含水率的 $D(q)$ —q 关系曲线图（2008 年 5 月 21 日）

从图 2-2 和图 2-3 可以看出，2008 年 4 月 24 日与 2008 年 5 月 21 日 32m×32m、64m×64m 和 128m×128m 取样面积上土壤含水率的 $D(q)$ 均随 q 的增大而减小，由多重分形原理可知，土壤含水率的多重分形特征比较明显。

（二）土壤电导率的 $D(q)$ —q 曲线

如图 2-4 和图 2-5 所示分别给出了 2008 年 4 月 24 日与 2008 年 5 月 21 日 32m×32m、64m×64m 和 128m×128m 取样面积上土壤电导率的 $D(q)$ —q 关系曲线。

由图 2-4 和图 2-5 可知，2008 年 4 月 24 日与 2008 年 5 月 21 日 32m×32m、64m×64m 和 128m×128m 取样面积上土壤电导率的 $D(q)$ 均随 q 的增大而减小，即研究区域内土壤电导率也具有多重分形特征。相比而言，2008 年 4 月 24 日 3 种取样面积上土壤电导率 $D(q)$ 的下降趋势比 2008 年 5 月 21 日对应面积上土壤电导率 $D(q)$ 的下降趋势明显。

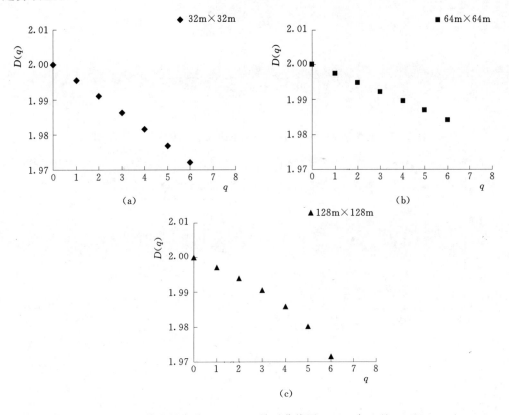

图 2-4　土壤电导率的 $D(q)$ —q 关系曲线图（2008 年 4 月 24 日）

（三）土壤含水率的 $f(q)$ —$\alpha(q)$ 曲线

如图 2-6 和图 2-7 所示分别为 2008 年 4 月 24 日与 2008 年 5 月 21 日 32m×32m、64m×64m 和 128m×128m 取样面积上土壤含水率的多重分形谱 [$f(q)$ —$\alpha(q)$ 曲线]，其中参数 q 的取值范围介于 [-6，6] 之间，为清晰计，如表 2-3 所示给出了具体的多重分形参数值。

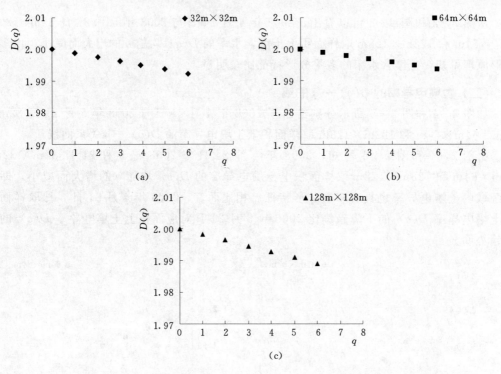

图 2-5 土壤电导率的 $D(q)$ —q 关系曲线图（2008 年 5 月 21 日）

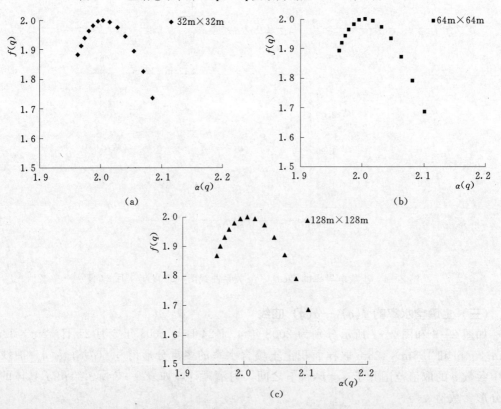

图 2-6 土壤含水率的多重分形谱图（2008 年 4 月 24 日）

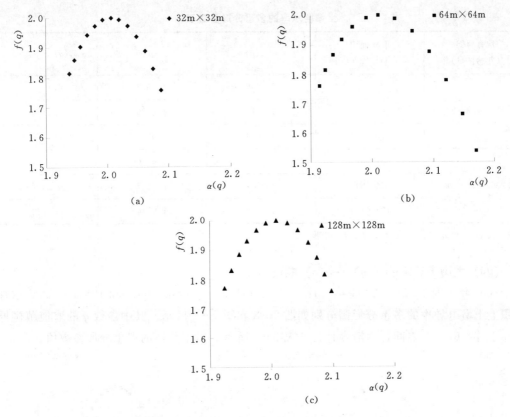

图 2-7　土壤含水率的多重分形谱图（2008 年 5 月 21 日）

　　分析表 2-3、图 2-6 和图 2-7 可知，2008 年 4 月 24 日 32m×32m、64m×64m 和 128m×128m 取样面积上土壤含水率的多重分形谱宽度分别为 0.1243、0.1389 和 0.1474，随取样面积的增大，土壤含水率多重分形谱的宽度逐渐增大，由多重分形原理可知，土壤含水率的空间变异性逐渐增强，胡伟等[2]也发现随取样面积的增大，土壤含水率的变异系数呈逐渐增大的趋势。2008 年 5 月 21 日 32m×32m、64m×64m 和 128m×128m 取样面积上土壤含水率的多重分形谱宽度分别为 0.1503、0.2547 和 0.1728，随取样面积的增大，土壤含水率的空间变异性先增强后减弱，这可能是由于随着土壤水分的蒸发，土壤含水率破碎化现象比较严重，土壤含水率存在不同的斑块结构造成的。上述分析表明，2008 年 4 月 24 日 3 种取样面积上土壤含水率的空间变异性弱于 2008 年 5 月 21 日对应取样面积上土壤含水率的空间变异性，这与上一章节变异系数分析结果一致。

　　此外，从图 2-6 和图 2-7 还可以看出，除 2008 年 5 月 21 日 128m×128m 采样面积下土壤含水率的多重分形谱比较对称，其他取样时间和取样面积下土壤含水率的多重分形谱都呈不同程度的右偏，这表明除 2008 年 5 月 21 日 128m×128m 取样面积外，2008 年 4 月 24 日和 2008 年 5 月 21 日其他取样面积上土壤含水率的空间变异性都是由土壤含水率的低值分布造成的。

表 2-3   土壤含水率的多重分形参数表

取样时间 （年-月-日）	取样面积 （m×m）	$\alpha_{max}(q)$	$\alpha_{min}(q)$	$\alpha_{max}(q) - \alpha_{min}(q)$
2008-04-24	32×32	2.0856	1.9613	0.1243
	64×64	2.1015	1.9626	0.1389
	128×128	2.1029	1.9555	0.1474
2008-05-21	32×32	2.0889	1.9386	0.1503
	64×64	2.1704	1.9157	0.2547
	128×128	2.0972	1.9244	0.1728

注 $\alpha_{max}(q) - \alpha_{min}(q)$ 表示多重分形谱的宽度

（四）土壤电导率的 $f(q)$ — $\alpha(q)$ 曲线

2008 年 4 月 24 日与 2008 年 5 月 21 日 32m×32m、64m×64m 和 128m×128m 取样面积上土壤电导率的多重分形谱分别如图 2-8 和图 2-9 所示，其中参数 q 的取值范围同样介于 [-6，6] 之间，为清晰计，如表 2-4 所示给出了具体的多重分形参数值。

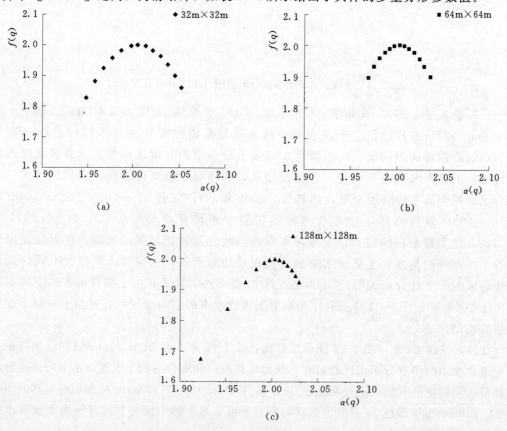

（a）

（b）

（c）

图 2-8 土壤电导率的多重分形谱图（2008 年 4 月 24 日）

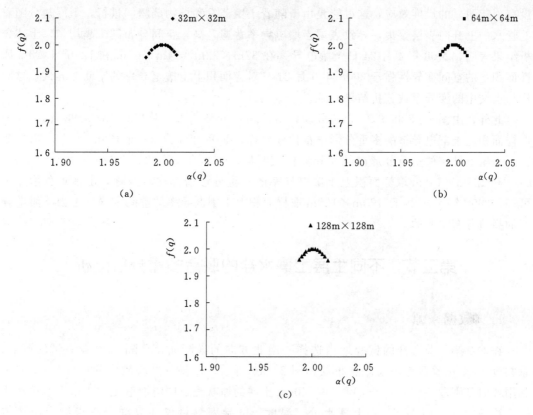

图 2-9 土壤电导率的多重分形谱图（2008年5月21日）

表 2-4 土壤电导率的多重分形参数

取样时间 （年-月-日）	取样面积 （m×m）	$\alpha_{max}(q)$	$\alpha_{min}(q)$	$\alpha_{max}(q)-\alpha_{min}(q)$
2008-04-24	32×32	2.0524	1.9480	0.1044
	64×64	2.0358	1.9693	0.0665
	128×128	2.0288	1.9220	0.1068
2008-05-21	32×32	2.0145	1.9859	0.0286
	64×64	2.0140	1.9886	0.0254
	128×128	2.0147	1.9880	0.0267

由表 2-4、图 2-8 和图 2-9 可知，2008 年 4 月 24 日与 2008 年 5 月 21 日 32m×32m、64m×64m 和 128m×128m 取样面积上土壤电导率的多重分形谱宽度分别为 0.1044、0.0665、0.1068 和 0.0286、0.0254、0.0267，随取样面积的增大，土壤电导率多重分形谱的宽度先降低后增大，即土壤电导率的空间变异性先减弱后增强，造成这种现象的原因可能是由于降雨、灌溉和施肥等因素的影响，导致土壤电导率的空间分布中存在斑块结构。2008 年 5 月 21 日 32m×32m、64m×64m 和 128m×128m 取样面积上土壤电导率的多重分形谱宽度都很小，说明此时土壤电导率的空间变异性很弱，取样面积的变化

没有引起明显的尺度效应，这可能是由于随着土壤蒸发和植物蒸腾的进行，下层盐分随着毛管水的上升向表层聚集，导致表层土壤电导率普遍升高，空间分布越来越均匀。上述分析结果表明，2008年4月24日土壤电导率在32m×32m、64m×64m和128m×128m取样面积上的空间变异性强于2008年5月21日对应面积上土壤电导率的空间变异性，这同样与上文中的变异系数分析结果一致。

此外，由图2-8和图2-9还可以看出，2008年4月24日32m×32m和64m×64m取样面积上土壤电导率的多重分形谱都比较对称，2008年4月24日128m×128m取样面积下土壤电导率的多重分形谱偏左趋势比较明显，2008年5月21日32m×32m、64m×64m和128m×128m取样面积上土壤电导率的多重分形谱都比较对称，由多重分形原理可知，2008年4月24日128m×128m取样面积上土壤电导率的空间变异性是由土壤电导率的高值分布引起的。

第二节　不同土层土壤水盐的联合多重分形分析

一、数据来源

在本章第一节选择的试验地内选择一南北方向的横断面，每隔15m设一试验测点，总共设32个试验测点，采样点布局如图2-10所示，在每一试验测点的周围挖一剖面，利用环刀分别取0~20cm土层和20~40cm土层的原状土，同时取散土，土壤含水率利用烘干法测定，利用W.E.T土壤水分、温度、电导率测量仪在采样点直接测定土壤电导率。

图2-10　采样点布局（单位：m）

二、不同土层土壤含水率之间的联合多重分形分析

利用联合多重分形方法分析0~20cm土层土壤含水率空间变异性与20~40cm土层土壤含水率空间变异性之间的相互关系时，为提高相关求解多重分形参数公式的拟合精度，参数q^1和q^2取值范围均为[-2，2]。进行联合多重分形分析时，为清晰表示各参数，将联合多重分形方法中的$\alpha^1(q^1，q^2)$表示为α_{SWC20}，$\alpha^2(q^1，q^2)$表示为α_{SWC40}，其中SWC20表示0~20cm土层土壤含水率，SWC40表示20~40cm土层土壤含水率。

0~20cm土层土壤含水率与20~40cm土层土壤含水率的联合多重分形谱如图2-11所示。为便于利用联合多重分形方法分析0~20cm土层土壤含水率与20~40cm土层土壤含水率在多尺度上的相关性，将 0～20cm 土层土壤含水率与 20～40cm 土层土壤含水率的联合多重分形谱投影到平面上，联合多重分形谱的灰度图如图 2-12 所示。联合多重分形谱的灰度图颜色越深，表示 $f(\alpha_{SWC20}, \alpha_{SWC40})$ 的值越大。若 0～20cm 土层土壤含水率与 20～40cm 土层土壤含水率的联合多重分形谱的灰度图相对集中且沿对角线方向延伸，则表明 0～20cm 土层土壤含水率与 20～40cm 土层土壤含水率具有某些相同分布或者相关程度较高；如果分布比较离散，则说明两者之间的分布不同或相关程度较低[22,23]。

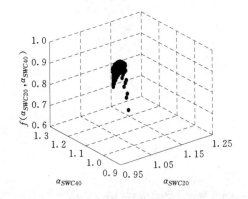

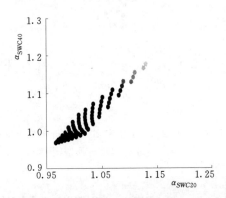

图 2-11　0～20cm 土层和 20～40cm 土层土壤含水率的联合多重分形谱图　　　　图 2-12　0～20cm 土层和 20～40cm 土层土壤含水率的联合多重分形谱的灰度图

为进一步量化分析 0～20cm 土层土壤含水率与 20～40cm 土层土壤含水率之间的相关程度，可计算 0～20cm 土层土壤含水率与 20～40cm 土层土壤含水率联合奇异指数（α_{SWC20} 和 α_{SWC40}）之间的相关系数，若 α_{SWC20} 与 α_{SWC40} 相关性比较显著，则可判定 0～20cm 土层土壤含水率与 20～40cm 土层土壤含水率之间的相关程度较高，反之亦然[22,24,25]。

由图 2-12 可知，0～20cm 土层土壤含水率与 20～40cm 土层土壤含水率的联合多重分形谱的灰度图比较集中且沿对角线方向延伸；此外，α_{SWC20} 与 α_{SWC40} 的相关系数为 0.965，在 0.01 水平上显著，这表明 0～20cm 土层土壤含水率与 20～40cm 土层土壤含水率之间的相关性非常显著，即 0～20cm 土层土壤含水率空间变异性与 20～40cm 土层土壤含水率空间变异性的之间的相互关系非常密切。

三、不同土层土壤电导率之间的联合多重分形分析

利用联合多重分形方法分析 0～20cm 土层土壤电导率空间变异性与 20～40cm 土层土壤电导率空间变异性之间的相互关系时，为提高相关求解多重分形参数公式的拟合精度，参数 q^1 和 q^2 取值范围均为 [-2, 2]。进行联合多重分形分析时，为清晰表示各参数，将 $\alpha^1(q^1, q^2)$ 表示为 α_{SEC20}，$\alpha^2(q^1, q^2)$ 表示为 α_{SEC40}，其中 SEC20 表示 0～20cm 土层土壤电导率，SEC40 表示 20～40cm 土层土壤电导率。

如图 2-13 和图 2-14 所示分别为 0～20cm 土层土壤电导率与 20～40cm 土层土壤电导率的联合多重分形谱及其灰度图。由图 2-14 可知，0～20cm 土层土壤电导率与 20～40cm 土层土壤电导率的联合多重分形谱的灰度图沿对角线方向延伸，但不是很集中；此外，α_{SEC20} 与 α_{SEC40} 的相关系数为 0.623，在 0.01 水平上显著，这说明 0～20cm 土层土壤电

导率与 20～40cm 土层土壤电导率之间的相关程度比较高，即 0～20cm 土层土壤电导率空间变异性与 20～40cm 土层土壤电导率空间变异性之间的相互关系比较密切。

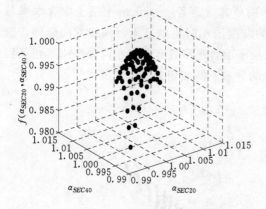

图 2-13　0～20cm 土层和 20～40cm 土层土壤电导率的联合多重分形谱图

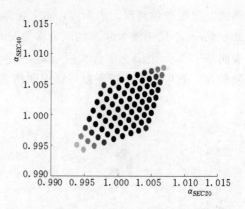

图 2-14　0～20cm 土层和 20～40cm 土层土壤电导率的联合多重分形谱的灰度图

第三节　基于地统计学土壤水盐的时空变异性分析

一、数据来源

试验地设在山东省烟台市农业科学研究院的果园内，果树东西株距为 5.7m，南北株距 3.0m，取样点设在每 4 棵果树的中间位置，即南北方向每隔 3m 取样，东西方向每隔 5.7m 取样，土壤水盐采用定位观测。于 2005 年 4 月 14 日、2005 年 4 月 20 日、2005 年 4 月 27 日和 2005 年 5 月 7 日，利用 TRIME-TDR 土壤水分速测系统分 4 次对表层土壤含水率进行测定。测定土壤含水率时，南北方向布置 9 列，每列 10 个样点，东西方向布置 10 行，每行 9 个样点，总共取样数为 90，采样点布局如图 2-15 所示，测量期间内 2005 年 4 月 19 日有过中等强度的降雨过程，中间没有灌溉。

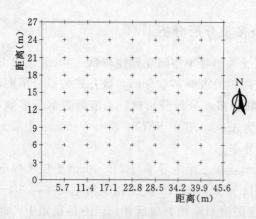

图 2-15　土壤含水率采样点空间布局图

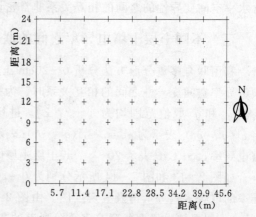

图 2-16　土壤电导率采样点空间布局图

于 2005 年 4 月 30 日、2005 年 7 月 14 日、2005 年 8 月 16 日和 2005 年 11 月 16 日，利用 W.E.T 土壤水分、温度、电导率测量仪分 4 次对表层土壤电导率进行测定。测量土壤电导率时，南北方向布置 9 列，每列 9 个样点，东西方向布置 9 行，每行 9 个样点，总共取样数为 81，采样点布局如图 2-16 所示，测量期间内有过几次不同强度的降雨过程，中间进行过灌溉、施肥和耕作。

二、土壤含水率的时空变异性分析

（一）不同取样时间土壤含水率的传统统计分析

2005 年 4 月 14 日、2005 年 4 月 20 日、2005 年 4 月 27 日和 2005 年 5 月 7 日土壤含水率的统计分析结果如表 2-5 所示。由表 2-5 可知，在观测期间由于受到蒸发、降雨和灌溉等因素的影响，土壤含水率变异系数呈现出先降低后增加的动态过程。其中 2005 年 4 月 14 日、2005 年 4 月 20 日、2005 年 4 月 27 日和 2005 年 5 月 7 日土壤含水率的变异系数分别为 0.1447、0.0888、0.1565 和 0.1614，2005 年 4 月 19 日降雨后，2005 年 4 月 20 日土壤含水率的变异系数最小，此取样时间土壤含水率的空间变异性为弱变异。2005 年 4 月 14 日、2005 年 4 月 27 日和 2005 年 5 月 7 日土壤含水率变异系数介于 0.1~1 之间，即上述几个取样时间土壤含水率的空间变异性为中等变异。

表 2-5 不同取样时间土壤含水率的传统统计分析结果表

取样时间 （年-月-日）	取样数目	标准差	方差	变异系数
2005-04-14	90	2.895	8.381	0.1447
2005-04-20	90	2.402	5.773	0.0888
2005-04-27	90	2.904	8.431	0.1565
2005-05-07	90	1.997	3.988	0.1614

（二）不同取样时间土壤含水率的变异函数分析

如表 2-6 所示给出了 2005 年 4 月 14 日、2005 年 4 月 20 日、2005 年 4 月 27 日和 2005 年 5 月 7 日土壤含水率变异函数的参数值。从表 2-6 可以看出，不同取样时间土壤含水率变异函数的拟和类型不同，随取样时间的变化，土壤含水率变异函数的变程和基台值均先明显增加后迅速降低，考虑到 2005 年 4 月 19 日有一次降雨过程，降雨导致了表层

表 2-6 不同取样时间土壤含水率变异函数参数表

取样时间 （年-月-日）	理论模型	块金值	变程	基台值	$C_0/(C_0+C)$ （%）
2005-04-14	线性有基台值模型	0.063	4.680	1.020	6.18
2005-04-20	球形模型	0.489	38.09	1.163	42.06
2005-04-27	指数模型	0.245	11.25	1.060	23.11
2005-05-07	球形模型	0.235	3.000	1.006	23.36

土壤含水率空间分布的均匀性增强,同时由于地表平整状况、植被覆盖程度及土壤其他特性的不同,降雨也可能导致表层土壤含水率的最大变异幅度增加,即土壤含水率在空间上分布出现了比较明显的高低值区,随后由于土壤的蒸发作用,土壤含水率普遍降低,土壤含水率的空间自相关范围减小。

(三)不同取样时间土壤含水率的局部插值估计

如图2-17所示中的(a)、(b)、(c)、(d)分别为2005年4月14日、2005年4月20日、2005年4月27日和2005年5月7日的土壤含水率等值线图。比较分析测量期内土壤含水率等值线图,可明显看出不同取样时间土壤含水率的等值线分布发生明显的变化,这表明降雨、蒸发及灌溉等外界因素对土壤含水率的空间分布影响较大。2005年4月19日降雨后,2005年4月20日土壤含水率等值线图虽具有较明显的高、低值区,但土壤含水率高值区主要集中在(45.6,12)周围,土壤含水率低值区主要集中在(22.8,3)和(22.8,27)周围较小的范围内,其他区域的土壤含水率在较大范围内变化并不明显,具有较好的一致性。随着测定时间的变化,由于蒸发的作用,2005年5月7日土壤含水率等值线图表现出明显的高低值区,其中土壤含水率低值区在测定区域上的分布更加明显。上述表明降雨和灌溉可以使土壤含水率的空间分布趋于均匀,但在个别区域内仍出现土壤含水率高值分布区和土壤含水率低值分布区,而随后的土壤蒸发则使得土壤含水率高低值区的分布更加显著。

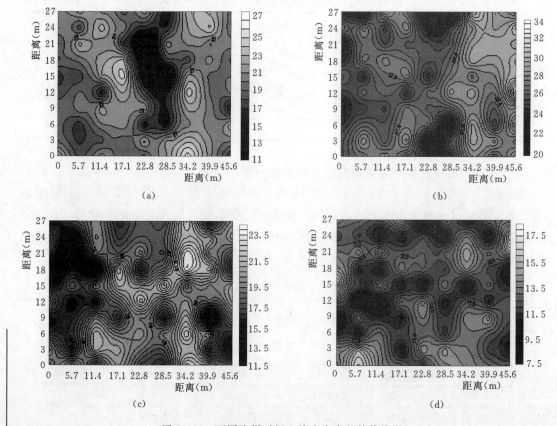

图2-17 不同取样时间土壤含水率的等值线图

三、土壤电导率的时空变异性分析

（一）不同取样时间土壤电导率的传统统计分析

传统统计方法主要通过计算研究变量的标准差、方差和变异系数等来确定研究变量空间变异性的强弱，如表2-7所示给出了2005年4月30日、2005年7月14日、2005年8月16日、2005年11月16日土壤电导率的传统统计分析结果。

表2-7　　　　　　　　　不同取样时间土壤电导率的统计分析结果表

取样时间 （年-月-日）	取样数目	标准差	方差	变异系数
2005-04-30	81	0.0225	0.0005	0.1443
2005-07-14	81	0.0451	0.0020	0.1894
2005-08-16	81	0.0211	0.0005	0.1290
2005-11-16	81	0.0267	0.0007	0.1582

分析表2-7可知，2005年4月30日、2005年7月14日、2005年8月16日、2005年11月16日土壤电导率的变异系数分别0.1443、0.1894、0.1290、0.1582。上述几个取样时间土壤电导率的变异系数都介于0.1~1之间，即测定时间内土壤电导率的空间变异性属于中等变异强度。

（二）不同取样时间土壤电导率的变异函数分析

如表2-8所示给出了不同取样时间土壤电导率的变异函数理论模型及其相应参数。由表2-8可知，不同取样时间土壤电导率变异函数的块金值均为正值，说明存在着由采样误差、短距离的变异、随机和固有变异引起的各种正基底效应。不同取样时间土壤电导率变异函数的拟合模型不同，不同取样时间土壤电导率空间自相关范围差别较大。2005年4月30日和2005年11月16日空间自相关范围较大，2005年7月14日和2005年8月16日土壤电导率的空间自相关范围较小，这说明随着时间的变化，由于灌溉、降雨和施肥等因素的影响，研究区域土壤电导率的空间分布具有斑块结构，呈现出不同程度的破碎化现象。

表2-8　　　　　　　　不同取样时间土壤电导率变异函数参数值

取样时间 （年-月-日）	理论模型	块金值 C_0	变程 a （m）	基台值 C_0+C	$C_0/(C_0+C)$ （%）
2005-04-30	linear to sill	0.513	39.56	1.450	35.38
2005-07-14	linear to sill	0.208	4.300	1.008	20.63
2005-08-16	exponential	0.296	5.970	1.008	29.37
2005-11-16	linear to sill	0.428	21.21	1.113	38.45

此外，2005年7月14日土壤电导率的 $C_0/(C_0+C)$ 为20.63％，小于25％；2005年4月30日、2005年8月16日、2005年11月16日土壤电导率的 $C_0/(C_0+C)$ 分别为35.38％、29.37％、38.45％，均介于25％～75％之间。上述分析表明除2005年7月14日土壤电导率具有强烈空间相关性外，2005年4月30日、2005年8月16日、2005年11月16日土壤电导率都具有中等空间相关性。

（三）不同取样时间土壤电导率的局部插值估计

空间取样只能获得有限的样点数据，为更直观地反映整个田块的土壤电导率的空间分布情况，需对未抽取样点的变量进行插值估计，如图2-18所示中的（a）、（b）、（c）、（d）分别为利用Kriging最优内插法绘制的2005年4月30日、2005年7月14日、2005年8月16日和2005年11月16日土壤电导率的等值线图。

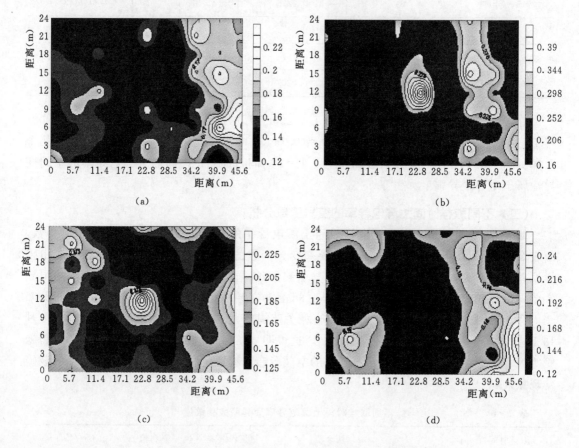

图2-18 不同取样时间土壤电导率的等值线图

分析图2-18可知，2005年4月30日、2005年7月14日、2005年8月16日和2005年11月16日果园表层土壤电导率空间分布格局差异较大，表层土壤电导率的破碎化比较严重，土壤电导率的这种分布现象可能是由于随着时间的变化，灌溉、降雨、施肥和土壤结构等因素的变化而造成的。

第四节　取样尺度与取样时间对土壤水盐合理取样数目的影响

一、数据来源

基于本章第一节中 2008 年 5 月 21 日 32m×32m、64m×64m 和 128m×128m 取样面积上测定的土壤含水率和土壤电导率、第三节中 2005 年 4 月 14 日、2005 年 4 月 20 日、2005 年 4 月 27 日、2005 年 5 月 7 日测定的土壤含水率以及第三节中 2005 年 4 月 30 日、2005 年 7 月 14 日、2005 年 8 月 16 日、2005 年 11 月 16 日测定的土壤电导率，分析取样尺度和取样时间的变化对土壤含水率和土壤电导率合理取样数目的影响，从而确定不同取样尺度和不同取样时间条件上土壤含水率和土壤电导率的合理取样数目。

二、适宜样本容量计算公式[26]

为了研究的需要，在实际过程中，常常需要对某一土壤性质进行野外测试，或者取样后在室内进行分析，这就涉及土壤特性的取样问题。假如土壤特性在研究区域内不存在空间变异性，即土壤特性的空间分布满足均匀分布，则只需采取一个样本就可代表研究区域某一土壤性质的基本状况。但受各种自然因素和人为因素的影响，土壤特性具有空间变异性，且是尺度的函数[27]，只采取一个样本则很难准确地反映出研究区域某一土壤性质的基本状况。从理论上说，如果要准确地弄清研究区域某一土壤性质的平均水平，就需要增加取样数目，而且取样数目越多，得出的研究结果越能真实地反映出研究区域某一土壤性质的真实状况。

受人力、物力和财力等因素的限制，在实际中取样数目不可能太多，但取样数目太少又不能准确的反映出土壤特性的真实状况，这就需要确定出合理取样数目，减少取样工作量，同时保证研究结果的准确性。取样数目的多少，主要取决于研究对象空间变异性的强弱。研究对象的空间变异性越强，研究对象的取样数目应该越多；反之，可适当减少研究对象的取样数目。

从基于空间分布基础上的经典统计学而言，合理取样数目就是指在满足一定置信水平要求下抽样样本的容量大小。假设某一土壤特性参数 Z 为空间的随机变量，已知其总体期望值和方差分别为 μ 和 σ^2。从总体中抽取容量为 n 的样本 Z_1，Z_2，…，Z_n，其平均值为 $\overline{Z_n}$。如果抽样数目 n 不变，但每次抽样样本不同，相应的均值 $\overline{Z_n}$ 也不同。

合理取样数目 N 应该满足以下要求：样本的均值 $\overline{Z_n}$ 和总体的均值 μ 差值的绝对值小于或等于某一规定精度 Δ 的概率达到所要求的置信水平 P_l。也就是说合理取样数目 N 应该满足：

$$P\{\,|\,\overline{Z_n}-\mu\leqslant\Delta\,|\,\}=P_l \tag{2-1}$$

置信水平 P_l 根据研究精度要求而定，一般取 90%～95%。

如果取样是独立的，且取样数目很多，则中心极限定理成立，于是由概率统计学原理可知，随机变量 $\eta=(\overline{Z_N}-\mu)\,/\,\sqrt{\sigma^2/N}$ 为标准正态分布（均值为 0、方差为 1）。因此

$$P\left\{\left|\frac{\overline{Z_N}-\mu}{\sqrt{\sigma^2/N}}\right|\leqslant 1.960\right\}=95\%\tag{2-2}$$

$$P\left\{\left|\frac{\overline{Z_N}-\mu}{\sqrt{\sigma^2/N}}\right|\leqslant 1.645\right\}=90\%\tag{2-3}$$

对 $|\overline{Z_N}-\mu|\leqslant\Delta$，$\left|\frac{\overline{Z_N}-\mu}{\sqrt{\sigma^2/N}}\right|\leqslant 1.960$ 和 $\left|\frac{\overline{Z_N}-\mu}{\sqrt{\sigma^2/N}}\right|\leqslant 1.645$ 均取最大值，于是得到：

$$\left|\frac{\Delta}{\sqrt{\sigma^2/N}}\right|=1.960\tag{2-4}$$

$$\left|\frac{\Delta}{\sqrt{\sigma^2/N}}\right|=1.645\tag{2-5}$$

由此得到，在置信水平 90% 和 95% 时，相应的合理取样数目 N 为：

$$N=1.960^2\left(\frac{\sigma}{\Delta}\right)^2=3.84\left(\frac{\sigma}{\Delta}\right)^2 \quad P_l=95\%\tag{2-6}$$

$$N=1.645^2\left(\frac{\sigma}{\Delta}\right)^2=2.71\left(\frac{\sigma}{\Delta}\right)^2 \quad P_l=90\%\tag{2-7}$$

若取精度要求 $\Delta=k\mu$（k 可取 5%，10%，15%，20% 等），则式（2-6）和式（2-7）可改写为：

$$N=3.84\left(\frac{CV}{k}\right)^2 \quad P_l=95\%\tag{2-8}$$

$$N=2.71\left(\frac{CV}{k}\right)^2 \quad P_l=90\%\tag{2-9}$$

式中：CV 为变异系数。

实际应用中，总体方差 σ^2 一般是未知的，只能用样本方差 S^2 代替，由此，随机变量 $t=(\overline{Z_N}-\mu)/\sqrt{S^2/N}$ 服从 t 分布：

$$P\left\{\left|\frac{\overline{Z_N}-\mu}{\sqrt{S^2/N}}\right|\leqslant\lambda_{a.f}\right\}=P_l\tag{2-10}$$

由此可以得到合理取样数目 N 的计算公式：

$$N=\lambda_{a.f}^2\left(\frac{S}{\Delta}\right)^2\tag{2-11}$$

$$N=\lambda_{a.f}^2\left(\frac{CV}{k}\right)^2\tag{2-12}$$

式中：$\lambda_{a.f}$ 为 t 分布特征值，可由显著水平 $\alpha=1-P_l$ 和自由度 $f=N-1$ 查 t 分布表得出。

三、取样面积对土壤水盐合理取样数目的影响

土壤含水率和土壤电导率的空间变异性具有尺度效应，取样面积不同时，土壤含水率和土壤电导率的空间变异性程度不同。为分析取样面积变化对土壤含水率和土壤电导率合理取样数目的影响，计算了 2008 年 5 月 21 日 32m×32m、64m×64m、128m×128m 取样面积上土壤含水率和土壤电导率的合理取样数目。

（一）取样面积对土壤含水率合理取样数目的影响

置信水平为 90% 和 95% 时，2008 年 5 月 21 日 32m×32m、2008 年 5 月 21 日 64m×

64m 和 2008 年 5 月 21 日 128m×128m 取样面积上土壤含水率的合理取样数目分别如表 2-9 和表 2-10 所示。

表 2-9　　　　　不同取样面积土壤含水率合理取样数目（P_t＝90%）

取样时间 （年-月-日）	取样面积 （m×m）	取样数目	变异系数	合理取样数目			
				$k=1\%$	$k=5\%$	$k=10\%$	$k=15\%$
2008-05-21	32×32	64	0.16	715	29	7	3
	64×64	256	0.23	1454	58	15	6
	128×128	1024	0.26	1858	74	19	8

表 2-10　　　　　不同取样面积土壤含水率合理取样数目（P_t＝95%）

取样时间 （年-月-日）	取样面积 （m×m）	取样数目	变异系数	合理取样数目			
				$k=1\%$	$k=5\%$	$k=10\%$	$k=15\%$
2008-05-21	32×32	64	0.16	1024	41	10	5
	64×64	256	0.23	2074	83	21	9
	128×128	1024	0.26	2650	106	27	12

由表 2-9 和表 2-10 可以看出，置信水平取 90% 和 95% 时，土壤含水率的合理取样数目随取样面积和 k 的变化，呈现出相似的变化趋势。置信水平取 90%，当 k 分别取 1%、5%、10%、15% 时，以 2008 年 5 月 21 日 32m×32m 取样面积上土壤含水率的合理取样数目为基准，2008 年 5 月 21 日 64m×64m 取样面积上土壤含水率的合理取样数目分别增加 103.36%、100%、114.29% 与 100%，2008 年 5 月 21 日 128m×128m 取样面积上土壤含水率的合理取样数目分别增加 159.86%、155.17%、171.43% 与 166.67%。置信水平取 95%，当 k 分别取 1%、5%、10%、15% 时，以 2008 年 5 月 21 日 32m×32m 取样面积上土壤含水率的合理取样数目为基准，2008 年 5 月 21 日 64m×64m 取样面积上土壤含水率的合理取样数目分别增加 102.54%、102.44%、110% 与 80%，2008 年 5 月 21 日 128m×128m 取样面积上土壤含水率的合理取样数目分别增加 158.79%、158.54%、170% 与 140%。

（二）取样面积对土壤电导率合理取样数目的影响

如表 2-11 和表 2-12 所示分别给出了置信水平取 90% 和 95% 时，2008 年 5 月 21 日 32m×32m、2008 年 5 月 21 日 64m×64m 和 2008 年 5 月 21 日 128m×128m 取样面积上土壤电导率的合理取样数目。

由表 2-11 和表 2-12 可知，两种置信水平下，随取样面积的变化，土壤电导率合理取样数目的变化趋势也一致。置信水平取 90%，当 k 分别取 1%、5%、7% 时，以 2008 年 5 月 21 日 32m×32m 取样面积上土壤电导率的合理取样数目为基准，2008 年 5 月 21 日 64m×64m 取样面积上土壤电导率的合理取样数目分别增加 33.66%、25% 与 50%。2008 年 5 月 21 日 128m×128m 取样面积上土壤电导率的合理取样数目分别增加 120.79%、125% 与 150%；置信水平取 95%，当 k 分别取 1%、5%、7% 时，以 2008 年 5 月 21 日 32m×32m 取样面积上土壤电导率的合理取样数目为基准，2008 年 5 月 21 日

64m×64m 取样面积上土壤电导率的合理取样数目分别增加 33.33％、33.33％ 与 33.33％。2008 年 5 月 21 日 128m×128m 取样面积上土壤电导率的合理取样数目分别增加 120.83％、116.67％ 与 100％。

表 2 - 11　　　　　不同取样面积土壤电导率合理取样数目 ($P_l = 90\%$)

取样时间 (年-月-日)	取样面积 (m×m)	取样数目	变异系数	合理取样数目		
				$k = 1\%$	$k = 5\%$	$k = 7\%$
2008 - 05 - 21	32×32	64	0.06	101	4	2
	64×64	256	0.07	135	5	3
	128×128	1024	0.09	223	9	5

表 2 - 12　　　　　不同取样面积土壤电导率合理取样数目 ($P_l = 95\%$)

取样时间 (年-月-日)	取样面积 (m×m)	取样数目	变异系数	合理取样数目		
				$k = 1\%$	$k = 5\%$	$k = 7\%$
2008 - 05 - 21	32×32	64	0.06	144	6	3
	64×64	256	0.07	192	8	4
	128×128	1024	0.09	318	13	6

四、取样时间对土壤水盐合理取样数目的影响

取样时间不同时，土壤含水率和土壤电导率的空间分布状况有所差异，为分析取样时间对土壤含水率和土壤电导率合理取样数目的影响，计算了置信水平取 90％ 和 95％ 时，2005 年 4 月 14 日、2005 年 4 月 20 日、2005 年 4 月 27 日、2005 年 5 月 7 日土壤含水率的合理取样数目，2005 年 4 月 30 日、2005 年 7 月 14 日、2005 年 8 月 6 日和 2005 年 11 月 16 日土壤电导率的合理取样数目。

（一）取样时间对土壤含水率合理取样数目的影响

两种置信水平（90％和95％）下，2005 年 4 月 14 日、2005 年 4 月 20 日、2005 年 4 月 27 日、2005 年 5 月 7 日土壤含水率的合理取样数目分别如表 2 - 13 和表 2 - 14 所示。

表 2 - 13　　　　　不同取样时间土壤含水率合理取样数目 ($P_l = 90\%$)

取样时间 (年-月-日)	取样数目	变异系数	合理取样数目		
			$k = 1\%$	$k = 3\%$	$k = 5\%$
2005 - 04 - 14	90	0.1447	585	65	23
2005 - 04 - 20	90	0.0888	220	25	9
2005 - 04 - 27	90	0.1565	684	76	27
2005 - 05 - 07	90	0.1614	727	81	29

表 2 - 14　　　　　　不同取样时间土壤含水率合理取样数目（P_l＝95%）

取样时间 （年-月-日）	取样数目	变异系数	合理取样数目		
			k＝1%	k＝3%	k＝5%
2005 - 04 - 14	90	0.1447	838	93	34
2005 - 04 - 20	90	0.0888	315	35	13
2005 - 04 - 27	90	0.1565	979	109	39
2005 - 05 - 07	90	0.1614	1042	116	42

　　从表 2 - 13 和表 2 - 14 可以看出，置信水平为 90% 和 95% 时，随取样时间的变化，土壤电导率合理取样数目的变化趋势一致。k 分别取 1%、3%、5%，当置信水平为 90% 时，以 2005 年 4 月 14 日土壤含水率的合理取样数目为基准，2005 年 4 月 20 日土壤含水率的合理取样数目分别减少 62.39%、61.54% 与 60.87%；2005 年 4 月 27 日土壤含水率的合理取样数目分别增加 16.92%、16.92% 与 17.39%；2005 年 5 月 7 日土壤含水率的合理取样数目分别增加 24.27%、24.62% 与 26.09%；当置信水平为 95% 时，以 2005 年 4 月 14 日土壤含水率的合理取样数目为基准，2005 年 4 月 20 日土壤含水率的合理取样数目分别减少 62.41%、62.37% 与 61.76%；2005 年 4 月 27 日土壤含水率的合理取样数目分别增加 16.83%、17.20% 与 14.71%；2005 年 5 月 7 日土壤含水率的合理取样数目分别增加 24.34%、24.73% 与 23.53%。

（二）取样时间对土壤电导率合理取样数目的影响

　　如表 2 - 15 和表 2 - 16 所示分别给出了置信水平取 90% 和 95% 时，k 分别取 1%、3% 和 5% 时，2005 年 4 月 30 日、2005 年 7 月 14 日、2005 年 8 月 16 日和 2005 年 11 月 16 日土壤电导率的合理取样数目。

表 2 - 15　　　　　　不同取样时间土壤电导率合理取样数目（P_l＝90%）

取样时间 （年-月-日）	取样数目	变异系数	合理取样数目		
			k＝1%	k＝3%	k＝5%
2005 - 04 - 30	81	0.1443	581	65	23
2005 - 07 - 14	81	0.1894	1002	111	40
2005 - 08 - 16	81	0.1290	465	52	19
2005 - 11 - 16	81	0.1582	699	78	28

表 2 - 16　　　　　　不同取样时间土壤电导率合理取样数目（P_l＝95%）

取样时间 （年-月-日）	取样数目	变异系数	合理取样数目		
			k＝1%	k＝3%	k＝5%
2005 - 04 - 30	81	0.1443	833	93	33
2005 - 07 - 14	81	0.1894	1435	159	57
2005 - 08 - 16	81	0.1290	666	74	27
2005 - 11 - 16	81	0.1582	1001	111	40

分析表 2-15 和表 2-16 可知，置信水平取 90％和 95％时，土壤电导率合理取样数目随时间变化均呈现出先增加后减少又增加的变化趋势。k 分别取 1％、3％、5％，置信水平取 90％时，以 2005 年 4 月 30 日土壤电导率的合理取样数目为基准，2005 年 7 月 14 日土壤电导率合理取样数目分别增加 72.46％、70.77％与 73.91％；2005 年 8 月 16 日土壤电导率合理取样数目分别减少 19.97％、20％与 17.39％；2005 年 11 月 16 日土壤电导率合理取样数目分别增加 20.31％、20％与 21.74％；置信水平取 95％时，以 2005 年 4 月 30 日土壤电导率的合理取样数目为基准；2005 年 7 月 14 日土壤电导率合理取样数目分别增加 72.27％、70.97％与 72.73％；2005 年 8 月 16 日土壤电导率合理取样数目分别减少 20.05％、20.43％与 18.18％；2005 年 11 月 16 日土壤电导率合理取样数目分别增加 20.17％、19.35％与 21.21％。

五、取样间距对土壤水盐合理取样数目的影响

取样面积相同，取样间距不同时，土壤含水率和土壤电导率的取样结果会有所差别，基于不同取样间距的取样结果计算的土壤含水率和土壤电导率的合理取样数目也会有所差异。为分析取样间距变化对土壤含水率和土壤电导率合理取样数目的影响，利用计算合理取样数目的计算公式求解了 2005 年 5 月 7 日 5.7m×3m、5.7m×9m、11.4m×3m、11.4m×9m 和 22.8m×3m 取样间距上土壤含水率的合理取样数目；2005 年 11 月 16 日 5.7m×3m、5.7m×6m、5.7m×12m、11.4m×3m、11.4m×6m 和 22.8m×3m 取样间距上土壤电导率的合理取样数目。

（一）取样间距对土壤含水率合理取样数目的影响

1. 不同取样间距土壤含水率的传统统计分析

2005 年 5 月 7 日 5.7m×3m、5.7m×9m、11.4m×3m、11.4m×9m 和 22.8m×3m 取样间距上土壤含水率的统计分析结果如表 2-17 所示。从表 2-17 可以看出，取样面积相同时，取样间距不同时，取样结果的变异系数有较大差别。以 2005 年 5 月 7 日 5.7m×3m 取样间距上土壤含水率的变异系数为基准，5.7m×9m 取样间距上土壤含水率的变异系数减小 4.21％，11.4m×3m 取样间距上土壤含水率的变异系数增加 4.77％，11.4m×9m 取样间距上土壤含水率的变异系数增加 4.03％，22.8m×3m 取样间距上土壤含水率的变异系数增加 8.24％。

表 2-17　　　　　　　　不同取样间距土壤含水率的传统统计分析结果表

取样间距（m×m）	取样数目	标准差	方差	变异系数
5.7×3	90	1.997	3.988	0.1614
5.7×9	36	1.923	3.699	0.1546
11.4×3	50	2.111	4.457	0.1691
11.4×9	20	2.020	4.082	0.1679
22.8×3	30	2.182	4.763	0.1747

2. 不同取样间距土壤含水率合理取样数目

2005 年 5 月 7 日 5.7m×3m、5.7m×9m、11.4m×3m、11.4m×9m 和 22.8m×3m

取样间距上土壤含水率的合理取样数目分别如表2-18（置信水平为90%）和表2-19（置信水平为95%）所示。

表2-18 不同取样间距土壤含水率合理取样数目（$P_t=90\%$）

取样间距 （m×m）	取样数目	变异系数	合理取样数目		
			$k=1\%$	$k=3\%$	$k=5\%$
5.7×3	90	0.1614	727	81	29
5.7×9	36	0.1546	688	76	28
11.4×3	50	0.1691	811	90	32
11.4×9	20	0.1679	843	94	34
22.8×3	30	0.1747	881	98	35

表2-19 不同取样间距土壤含水率合理取样数目（$P_t=95\%$）

取样间距 （m×m）	取样数目	变异系数	合理取样数目		
			$k=1\%$	$k=3\%$	$k=5\%$
5.7×3	90	0.1614	1042	116	42
5.7×9	36	0.1546	997	111	40
11.4×3	50	0.1691	1168	130	47
11.4×9	20	0.1679	1235	137	49
22.8×3	30	0.1747	1276	142	51

分析表2-18和表2-19可知，置信水平取90%和95%时，土壤含水率合理取样数目随取样间距的变化呈现出先降低后增加的变化趋势。置信水平取90%，k分别取1%、3%、5%时，以5.7m×3m取样间距上土壤含水率合理取样数目为基准，5.7m×9m取样间距上土壤含水率合理取样数目分别减少5.36%、6.17%与3.45%；11.4m×3m取样间距上土壤含水率合理取样数目分别增加11.55%、11.11%与10.34%；11.4m×9m取样间距上土壤含水率合理取样数目分别增加15.96%、16.05%与17.24%；22.8m×3m取样间距上土壤含水率合理取样数目分别增加21.18%、20.99%与20.69%。

当置信水平取95%，k分别取1%、3%、5%时，以5.7m×3m取样间距上土壤含水率合理取样数目为基准，5.7m×9m取样间距上土壤含水率合理取样数目分别减少4.32%、4.31%与4.76%；11.4m×3m取样间距上土壤含水率合理取样数目分别增加12.09%、12.07%与11.90%；11.4m×9m取样间距上土壤含水率合理取样数目分别增加18.52%、18.10%与16.67%；22.8m×3m取样间距上土壤含水率合理取样数目分别增22.46%、22.41%与21.43%。

（二）取样间距对土壤电导率合理取样数目的影响

1. 不同取样间距土壤电导率的传统统计分析

2005年11月16日5.7m×3m、5.7m×6m、5.7m×12m、11.4m×3m、11.4m×6m和22.8m×3m取样间距上土壤电导率的统计分析结果如表2-20所示。

表 2-20　　　　　不同取样间距土壤电导率的统计分析结果表

取样间距（m×m）	取样数目	标准差	方差	变异系数
5.7×3	81	0.0267	0.0007	0.1582
5.7×6	45	0.0279	0.0008	0.1635
5.7×12	27	0.0263	0.0007	0.1528
11.4×3	45	0.0271	0.0007	0.1559
11.4×6	25	0.0283	0.0008	0.1642
22.8×3	27	0.0333	0.0011	0.1949

由表 2-20 可知，在同一研究区域内，土壤电导率变异系数随取样间距变化大致呈现出先增加后减小又增加的变化趋势，取样间距不同，土壤电导率变异系数的计算结果有较大差别。以 2005 年 11 月 16 日 5.7m×3m 取样间距上土壤电导率的变异系数为基准，5.7m×6m 取样间距上土壤电导率的变异系数增加 3.35%，5.7m×12m 取样间距上土壤电导率的变异系数减小 3.41%，11.4m×3m 取样间距上土壤电导率的变异系数减小 1.45%，11.4m×6m 取样间距上土壤电导率的变异系数增加 3.79%，22.8m×3m 取样间距上土壤电导率的变异系数增加 23.19%。

2. 不同取样间距土壤电导率合理取样数目

如表 2-21 和表 2-22 所示分别给出了置信水平为 90% 和 95% 时，2005 年 11 月 16 日 5.7m×3m、5.7m×6m、5.7m×12m、11.4m×3m、11.4m×6m 和 22.8m×3m 取样间距上土壤电导率的合理取样数目。

表 2-21　　　　　不同取样间距土壤电导率合理取样数目（$P_l = 90\%$）

取样间距（m×m）	取样数目	变异系数	合理取样数目		
			$k = 1\%$	$k = 3\%$	$k = 5\%$
5.7×3	81	0.1582	699	78	28
5.7×6	45	0.1635	758	84	30
5.7×12	27	0.1528	680	76	27
11.4×3	45	0.1559	689	77	28
11.4×6	25	0.1642	789	88	32
22.8×3	27	0.1949	1106	123	44

表 2-22　　　　　不同取样间距土壤电导率合理取样数目（$P_l = 95\%$）

取样间距（m×m）	取样数目	变异系数	合理取样数目		
			$k = 1\%$	$k = 3\%$	$k = 5\%$
5.7×3	81	0.1582	1001	111	40
5.7×6	45	0.1635	1092	121	44
5.7×12	27	0.1528	987	109	39
11.4×3	45	0.1559	993	110	40
11.4×6	25	0.1642	1149	128	46
22.8×3	27	0.1949	1606	178	64

从表 2-21 和表 2-22 可以看出，两种置信水平下，土壤电导率合理取样数目随取样间距变化呈现出先增加后减少又增加的变化趋势。当置信水平取 90%，k 分别取 1%、3%、5% 时，以 2005 年 11 月 16 日 5.7m×3m 取样间距上土壤电导率合理取样数目为基准，5.7m×6m 取样间距上土壤电导率合理取样数目分别增加 8.44%、7.69% 与 7.14%；5.7m×12m 取样间距上土壤电导率合理取样数目分别减少 2.72%、2.56% 与 3.57%；11.4m×3m 取样间距上土壤电导率合理取样数目分别减少 1.43%、1.28% 与 0%；11.4m×6m 取样间距上土壤电导率合理取样数目分别增加 12.88%、12.82% 与 14.29%；22.8m×3m 取样间距上土壤电导率合理取样数目分别增加 58.23%、57.69% 与 57.14%。

当置信水平取 95%，k 分别取 1%、3%、5% 时，以 2005 年 11 月 16 日 5.7m×3m 取样间距上土壤电导率合理取样数目为基准，5.7m×6m 取样间距上土壤电导率合理取样数目分别增加 9.09%、9.01% 与 10%；5.7m×12m 取样间距上土壤电导率合理取样数目分别减少 1.39%、1.80% 与 2.5%；11.4m×3m 取样间距上土壤电导率合理取样数目分别减少 0.79%、0.90% 与 0%；11.4m×6m 取样间距上土壤电导率合理取样数目分别增加 14.79%、15.32% 与 15%；22.8m×3m 取样间距上土壤电导率合理取样数目分别增加 60.44%、60.36% 与 60%。

参 考 文 献

[1] 徐英，陈亚新，史海滨，等. 土壤水盐空间变异尺度效应的研究 [J]. 农业工程学报，2004，20 (2)：1-5.

[2] 胡伟，邵明安，王全九. 黄土高原退耕坡地土壤水分空间变异的尺度性研究 [J]. 农业工程学报，2005，21 (8)：11-16.

[3] 姚荣江，杨劲松. 基于电磁感应仪的黄河三角洲地区土壤盐分时空变异特征 [J]. 农业工程学报，2008，24 (3)：107-113.

[4] 张继光，陈洪松，苏以荣，等. 喀斯特洼地表层土壤水分的空间异质性及其尺度效应 [J]. 土壤学报，2008，45 (3)：544-549.

[5] 尹业彪，李霞，郭玉川，等. 孔雀河畔土壤盐分空间变异及格局分析 [J]. 新疆农业大学学报，2010，33 (3)：244-249.

[6] 刘苑秋，郭圣茂，王红胜，等. 退化石灰岩红壤区四种人工林旱季土壤水分的空间变异 [J]. 土壤学报，2010，47 (2)：229-237.

[7] 杨劲松，姚荣江. 黄河三角洲地区土壤水盐空间变异特征研究 [J]. 地理科学，2007，27 (3)：348-353.

[8] 李敏，李毅，曹伟，等. 不同尺度网格膜下滴灌土壤水盐的空间变异性分析 [J]. 水利学报，2009，40 (10)：1210-1218.

[9] 姜秋香，付强，王子龙. 黑龙江省西部半干旱区土壤水分空间变异性研究 [J]. 水土保持学报，2007，21 (5)：118-122.

[10] 胡顺军，康绍忠，宋郁东，等. 渭干河灌区土壤水盐空间变异性研究 [J]. 水土保持学报，2004，18 (2)：10-12.

[11] 王红，宫鹏，刘高焕. 黄河三角洲多尺度土壤盐分的空间分异 [J]. 地理研究，2006，25 (4)：649-658.

[12] 姚荣江，杨劲松，刘广明，等. 黄河三角洲地区典型地块土壤盐分空间变异特征研究 [J]. 农业工

程学报，2006，22（6）：61-66.

[13] 姚月锋，蔡体久. 丘间低地不同年龄沙柳表层土壤水分与容重的空间变异 [J]. 水土保持学报，2007，21（5）：114-117.

[14] 朱乐天，焦峰，刘源鑫，等. 黄土丘陵区不同土地利用类型土壤水分时空变异特征 [J]. 水土保持研究，2011，18（6）：115-118.

[15] 李芳松，雷晓云，陈大春，等. 膜下滴灌棉田土壤水分空间变异规律研究 [J]. 灌溉排水学报，2010，29（6）：68-71.

[16] 张勇，陈效民，杜臻杰，等. 典型红壤区田间尺度下土壤养分和水分的空间变异研究 [J]. 土壤通报，2011，42（1）：7-12.

[17] 孔德庸，盛建东，武红旗，等. 新疆焉耆盆地土壤盐分空间变异特征分析研究 [J]. 灌溉排水学报，2009，28（2）：124-126.

[18] 管孝艳，王少丽，高占义，等. 盐渍化灌区土壤盐分的时空变异特征及其与地下水埋深的关系 [J]. 生态学报，2012，32（4）：1202-1210.

[19] 李艳，史舟，王人潮. 基于 GIS 的土壤盐分时空变异及分区管理研究——以浙江省上虞市海涂围垦区为例 [J]. 水土保持学报，2005，19（6）：121-124，129.

[20] 蔡阿兴，陈章英，蒋正琦，等. 我国不同盐渍地区盐分含量与电导率的关系 [J]. 土壤，1997（1）：54-57.

[21] Eghball B, Schepers J S, Negahban M, et al. Spatial and temporal variability of soil nitrate and corn yield: multifractal analysis [J]. Agron. J. 2003, 95 (2): 339-346.

[22] Zeleke T B, Si B C. Scaling relationships between saturated hydraulic conductivity and soil physical properties [J]. Soil Sci. Soc. Am. J., 2005, 69: 1691-1702.

[23] 陈双平，韩凯，马猛，等. 染色体碱基序列的联合多重分形分析 [J]. 电子与信息学报，2008，30（2）：298-301.

[24] Zeleke T B, Si B C. Characterizing scale-dependent spatial relationships between soil properties using multifractal techniques [J]. Geoderma, 2006, 134 (3-4): 440-452.

[25] Kravchenko A N, Bullock D G, Boast C W. Joint multifractal analysis of crop yield and terrain slope [J]. Agron. J., 2000, 92 (6): 1279-1290.

[26] 邵明安，王全九，黄明斌. 土壤物理学 [M]. 北京：高等教育出版社，2006.

[27] 冯娜娜，李廷轩，张锡洲，等. 不同尺度下低山茶园土壤有机质含量的空间变异 [J]. 生态学报，2006，26（2）：349-356.

第三章　土壤基本物理特性的分形特征研究

土壤基本物理特性包括砂粒含量、粗粉粒含量、黏粒含量、土壤容重和有机质含量等。土壤颗粒组成不同，对土壤肥力与溶质运移等的影响具有显著差别。研究土壤颗粒组成的空间变异性可为农户确定合理的水肥用量与灌溉施肥时期、深入认识退化植被恢复的规律以及开展水土保持措施等提供参考与指导[1-5]；土壤容重与土壤的压实状况、入渗性能和土壤的抗侵蚀能力等具有密切联系，研究土壤容重的空间变异特征，可为土壤资源的科学管理与利用以及水土过程调控等提供参考与依据[6-10]；土壤有机质是土壤的重要组成部分，研究土壤有机质的空间变异特征，对研究土壤改良、加强土壤肥力综合管理、指导农业生产和实现农田可持续发展等具有重要意义[11-20]。

第一节　土壤基本物理特性的多重分形分析

一、数据来源

土壤基本物理特性的取样在位于陕西杨凌的一林地内进行，林地所栽树种为七叶树、樱花和广玉兰，树龄各为 5 年、5 年和 3 年。在选择的林地内选择一南北方向的横断面，每隔 15m 设一试验测点，总共设 32 个试验测点（图 3-1），在每一测点的周围挖一剖面，利用环刀分别取 0～20cm 土层和 20～40cm 土层的原状土，同时取散土土样。

图 3-1　采样点布局图（单位：m）

土壤容重利用烘干法测定。土壤颗粒分析的传统方法有吸管法和比重计法，吸管法测定精度比较高，但测定过程比较繁琐；比重计法测定速度较快，但测定精度比吸管法低。20 世纪 80 年代以来，随着自动化水平很高的颗粒分析仪的出现，如 MS2000 激光粒度仪、RS 型颗粒分析仪和 KCY 型颗粒分析仪等，大大提高了测定土壤颗粒组成的效率[3]，比较适合用来快速测定大批样品的土壤颗粒组成。本书利用 Mastersizer2000 激光粒度仪测定土壤颗粒组成，输出＜0.001mm、0.001～0.002mm、0.002～0.005mm、0.005～0.01mm、0.01～0.02mm、0.02～0.05mm、0.05～0.1mm、0.1～0.2mm、0.2～0.25mm、0.25～0.5mm 和 0.5～1mm 共 11 类粒级对应的土壤颗粒体积含量。土壤有机质含量采用稀释热法测定，该方法是利用浓硫酸和重铬酸钾迅速混合时所产生的热来氧化有机质，该方法操作比较简单，测定精度也较高，比较适合用来测定大批样品的土壤有机质含量。

二、土壤基本物理特性的传统统计分析

0～20cm 土层和 20～40cm 土层土壤基本物理特性的传统统计分析结果如表 3-1 所示。由表 3-1 可知，0～20cm 土层和 20～40cm 土层粗粉粒含量、砂粒含量、黏粒含量、有机质含量、土壤容重的变异系数分别为 0.1200、0.6189、0.4096、0.2632、0.0507 与 0.1509、0.7779、0.4688、0.3840、0.0719，除土壤容重外，0～20cm 土层和 20～40cm 土层其他土壤基本物理特性指标的变异系数均介于 0.1～1 之间，这说明 0～20cm 土层和 20～40cm 土层砂粒含量、粗粉粒含量、黏粒含量、有机质含量具有中等变异性，且砂粒含量和黏粒含量的空间变异性最强，0～20cm 土层和 20～40cm 土层土壤容重的空间变异性均为弱变异。

表 3-1　　　　　　　　不同土层土壤基本物理特性的传统统计分析结果表

土层深度 （cm）	研究变量	取样数目	最小值	最大值	平均值	标准差	方差	变异系数
0～20	SI	32	0.20	0.51	0.4316	0.0518	0.0027	0.1200
	SA	32	0.06	0.64	0.1648	0.1020	0.0104	0.6189
	CL	32	0.01	0.18	0.0879	0.0360	0.0013	0.4096
	OM	32	0.67	1.98	1.3529	0.3561	0.1268	0.2632
	DB	32	1.29	1.56	1.4567	0.0738	0.0055	0.0507
20～40	SI	32	0.15	0.50	0.4267	0.0644	0.0042	0.1509
	SA	32	0.05	0.69	0.1644	0.1279	0.0164	0.7779
	CL	32	0.01	0.16	0.0753	0.0353	0.0012	0.4688
	OM	32	0.27	1.83	0.9353	0.3592	0.1290	0.3840
	Db	32	1.37	1.77	1.5669	0.1126	0.0127	0.0719

注　CL、SI、SA、OM、DB 分别表示黏粒含量、粗粉粒含量、砂粒含量、有机质含量、土壤容重。

三、土壤基本物理特性的多重分形分析

为利用多重分形方法分析 0～20cm 土层和 20～40cm 土层粗粉粒含量、砂粒含量、黏粒含量、土壤容重、有机质含量的空间变异性，绘制了 0～20cm 土层和 20～40cm 土层上述变量的 $D(q)$ —q 曲线和 $f(q)$ —$\alpha(q)$ 曲线。不同土层粗粉粒含量、砂粒含量、黏粒含量、土壤容重、有机质含量的 $D(q)$ —q 曲线分别如图 3-2 和图 3-3 所示，不同土层粗粉粒含量、砂粒含量、黏粒含量、土壤容重、有机质含量的多重分形谱分别如图 3-4 和图 3-5 所示，其中—2≤q≤2。为清晰计，如表 3-2 和表 3-3 所示分别给出了不同土层粗粉粒含量、砂粒含量、黏粒含量、土壤容重、有机质含量的 $D(q)$ 值，如表 3-4 和表 3-5 所示给出了不同土层粗粉粒含量、砂粒含量、黏粒含量、土壤容重、有机质含量

多重分形谱的宽度。

（一）土壤基本物理特性的 $D(q)$—q 曲线

由图 3-2、图 3-3、表 3-2 和表 3-3 可知，$q \geqslant 0$ 时，随 q 的增加，0～20cm 土层和 20～40cm 土层砂粒含量、黏粒含量和有机质含量的 $D(q)$ 的减小趋势比较明显，粗粉粒含量和土壤容重的 $D(q)$ 变化比较平稳，非常接近于 1，其中不同土层砂粒含量 D_0、D_1、D_2 分别为 1、0.9556、0.8971 和 1、0.9269、0.8499，不同土层黏粒含量的 D_0、D_1、D_2 分别为 1、0.9723、0.9516 和 1、0.9694、0.9446，不同土层有机质含量的 D_0、

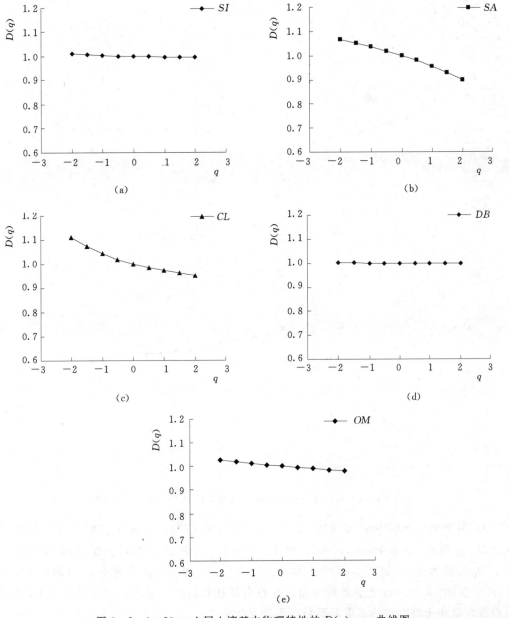

图 3-2　0～20cm 土层土壤基本物理特性的 $D(q)$—q 曲线图

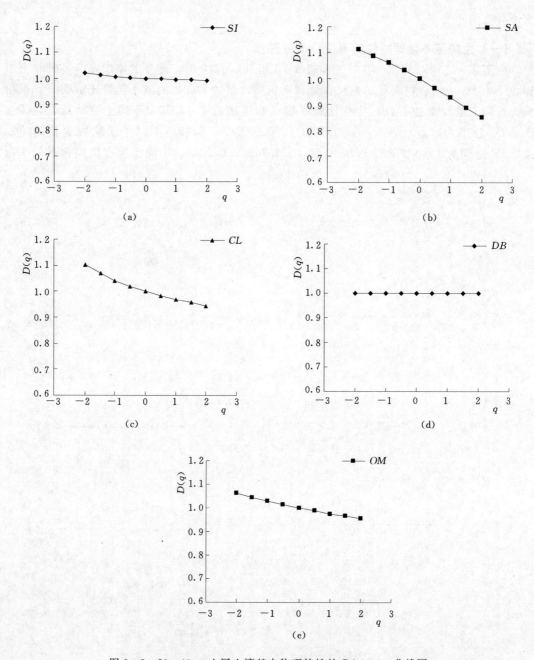

图 3-3 20~40cm 土层土壤基本物理特性的 $D(q)$ —q 曲线图

D_1、D_2 分别为 1、0.9886、0.9784 和 1、0.9758、0.9555，不同土层粗粉粒含量的 D_0、D_1、D_2 分别为 1、0.9975、0.9956 和 1、0.9957、0.9929，不同土层土壤容重的 D_0、D_1、D_2 分别为 1、0.9995、0.9991 和 1、0.9992、0.9983。由多重分形原理可知，0~20cm 土层和 20~40cm 土层砂粒含量、黏粒含量和有机质含量的多重分形特征比较明显，粗粉粒含量和土壤容重的多重分形特征不明显。

表 3 - 2   0～20cm 土层土壤基本物理特性的 $D(q)$ 值

研究变量	D_0	D_1	D_2
SI	1	0.9975	0.9956
SA	1	0.9556	0.8971
CL	1	0.9723	0.9516
OM	1	0.9886	0.9784
DB	1	0.9995	0.9991

表 3 - 3   20～40cm 土层土壤基本物理特性的 $D(q)$ 值

研究变量	D_0	D_1	D_2
SI	1	0.9957	0.9929
SA	1	0.9269	0.8499
CL	1	0.9694	0.9446
OM	1	0.9758	0.9555
DB	1	0.9992	0.9983

Zeleke and Si[21]研究发现在其研究区域内表层土壤砂粒含量具有单一分形特征，粉粒含量似乎用单一分形和多重分形描述皆可，黏粒含量具有多重分形特征。本书发现砂粒含量具有多重分形特征，而 Zeleke and Si[21]的研究发现砂粒含量具有单一分形特征，造成这种现象的原因一方面可能是由于土壤颗粒分级标准的不同造成的，另一方面可能是由于不同地区土壤质地的差异造成的。这种差异从某种程度上可以说明不同地区即使同一变量的复杂程度也不完全相同，研究区域不同时，需重新定量评价和预测该变量在本地区的分布规律和特征。

（二）土壤基本物理特性的 $f(q)$—$\alpha(q)$ 曲线

由表 3 - 4 和表 3 - 5 可知，0～20cm 土层黏粒含量、砂粒含量、有机质含量、粗粉粒含量、土壤容重的多重分形谱宽度 $[\alpha_{\max}(q) - \alpha_{\min}(q)]$ 分别为 0.4263、0.3205、0.0962、0.0365 和 0.0039，这表明 0～20cm 土层上述变量的空间性依次减弱，黏粒含量的空间变异性最强，土壤容重的空间变异性最弱。20～40cm 土层砂粒含量、黏粒含量、有机质含量、粗粉粒含量和土壤容重的多重分形谱宽度分别为 0.4680、0.3896、0.2356、0.0762 和 0.0068，这表明 20～40cm 土层上述变量的空间性依次减弱，其中砂粒含量的空间变异性最强，土壤容重的空间变异性最弱。不同土层土壤基本物理特性的空间变异特征有所差异，这可能是由于各种自然因素和人为因素造成的，具体原因有待于进一步研究。

此外，由图 3 - 4 和图 3 - 5 可知，0～20cm 土层与 20～40cm 土层粗粉粒含量的多重分形谱都集中在较小的范围内，但偏右，说明 0～20cm 土层与 20～40cm 土层粗粉粒含量的空间变异性都是由粗粉粒含量的低值分布造成的；0～20cm 土层与 20～40cm 土层砂粒含量的多重分形谱都偏左，说明 0～20cm 土层与 20～40cm 土层砂粒含量的空间变异性都是由砂粒含量的高值分布造成的；0～20cm 土层与 20～40cm 土层黏粒含量的多重分形谱都偏右，说明 0～20cm 土层与 20～40cm 土层黏粒含量的空间变异性都是由黏粒含量的低值分布造成的；0～20cm 土层与 20～40cm 土层有机质含量的多重分形谱都呈右偏，说明 0～20cm 土层与 20～40cm 土层有机质含量的空间变异性都是由有机质含量的低值分布造成的。

表 3 - 4 　　　　　　　　　　　0~20cm 土层土壤基本物理特性的多重分形宽度表

研究变量	$\alpha_{\min}(q)$	$\alpha_{\max}(q)$	$\alpha_{\max}(q) - \alpha_{\min}(q)$
SI	0.9940	1.0305	0.0365
SA	0.8318	1.1523	0.3205
CL	0.9330	1.3593	0.4263
OM	0.9688	1.0650	0.0962
DB	0.9986	1.0025	0.0039

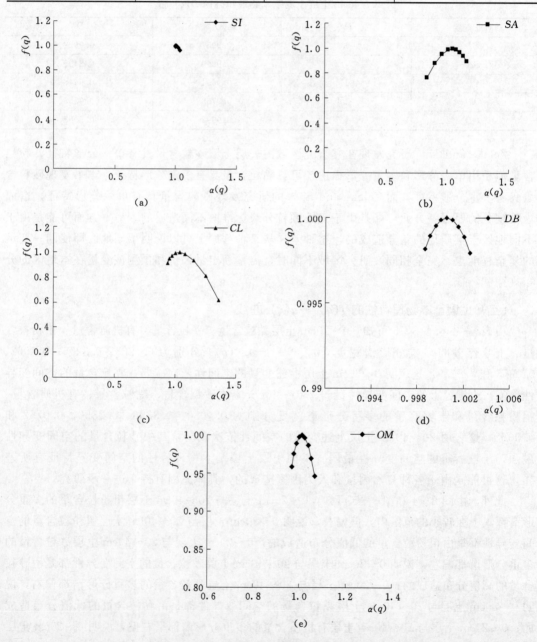

图 3 - 4　0~20cm 土层土壤基本物理特性的 $f(q)$ ~$\alpha(q)$ 曲线图

表 3 - 5   20~40cm 土层土壤基本物理特性的多重分形宽度表

研究变量	$\alpha_{min}(q)$	$\alpha_{max}(q)$	$\alpha_{max}(q)-\alpha_{min}(q)$
SI	0.9905	1.0667	0.0762
SA	0.7751	1.2431	0.4680
CL	0.9221	1.3117	0.3896
OM	0.9367	1.1723	0.2356
DB	0.9975	1.0043	0.0068

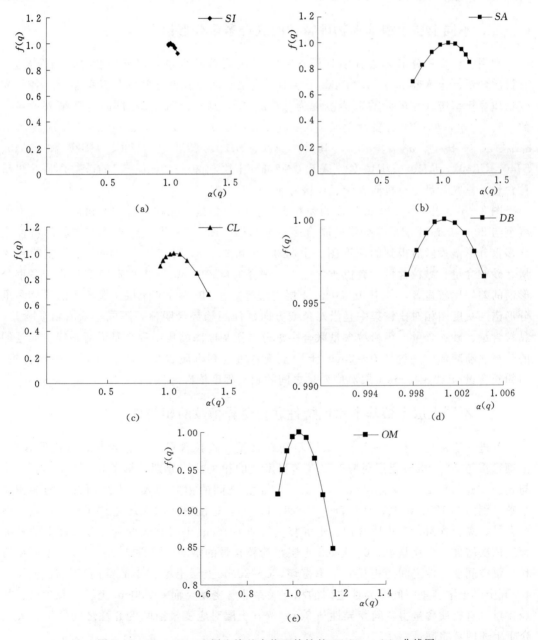

图 3 - 5   20~40cm 土层土壤基本物理特性的 $f(q)$ —$\alpha(q)$ 曲线图

第二节　不同土层土壤基本物理特性的联合多重分形分析

一、数据来源

本节利用联合多重分形方法分析不同土层土壤基本物理特性在多尺度上的相互关系时，所用数据与本章第一节所用数据一致。

二、不同土层土壤基本物理特性的联合多重分形谱

利用联合多重分形方法分别分析 $0\sim20\text{cm}$ 土层砂粒含量、粗粉粒含量、黏粒含量、有机质含量、土壤容重与 $20\sim40\text{cm}$ 土层对应变量空间变异性之间的相互关系时，各研究变量质量概率统计矩的阶的取值范围为 $[-2,2]$，即 $-2\leqslant q\leqslant2$。同时为清晰表示各参数，将 $\alpha^1(q^1,q^2)$ 分别表示为 α_{SA20}、α_{SI20}、α_{CL20}、α_{OM20}、α_{Db20}，$\alpha^2(q^1,q^2)$ 分别表示为 α_{SA40}、α_{SI40}、α_{CL40}、α_{OM40}、α_{Db40}，其中 $SA20$、$SI20$、$CL20$、$OM20$、$DB20$ 和 $SA40$、$SI40$、$CL40$、$OM40$、$DB40$ 分别表示 $0\sim20\text{cm}$ 土层和 $20\sim40\text{cm}$ 土层的砂粒含量、粗粉粒含量、黏粒含量、有机质含量、土壤容重。

图 3-6 给出了 $0\sim20\text{cm}$ 土层粗粉粒含量、砂粒含量、黏粒含量、有机质含量、土壤容重与 $20\sim40\text{cm}$ 土层对应变量的联合多重分形谱，图 3-7 为上述土壤基本物理特性联合多重分形谱投影后得到的灰度图。由图 3-6 和图 3-7 可知，$0\sim20\text{cm}$ 土层粗粉粒含量、砂粒含量、黏粒含量、有机质含量、土壤容重与 $20\sim40\text{cm}$ 土层对应变量联合多重分形谱的差异比较显著，其中 $0\sim20\text{cm}$ 土层土壤容重与 $20\sim40\text{cm}$ 土层土壤容重的联合多重分形谱的灰度图相对比较集中且沿对角线方向延伸的趋势最明显，不同土层有机质含量、黏粒含量、砂粒含量、粗粉粒含量联合多重分形谱灰度图的集中程度且沿对角线方向延伸的趋势逐渐减弱，这说明 $0\sim20\text{cm}$ 土层土壤容重、有机质含量、黏粒含量、砂粒含量、粗粉粒含量与 $20\sim40\text{cm}$ 土层对应变量之间的相关程度依次降低。

三、不同土层土壤基本物理特性联合奇异指数的相关性

为进一步量化分析 $0\sim20\text{cm}$ 土层粗粉粒含量、砂粒含量、黏粒含量、有机质含量、土壤容重与 $20\sim40\text{cm}$ 土层对应变量在多尺度上的相关性，分别求解了 α_{SI20} 与 α_{SI40}、α_{SA20} 与 α_{SA40}、α_{CL20} 与 α_{CL40}、α_{OM20} 与 α_{OM40}、α_{DB20} 与 α_{DB40} 之间的相关系数，上述两者之间的相关系数分别为 0.185、0.641、0.678、0.778、0.920，这说明 $0\sim20\text{cm}$ 土层粗粉粒含量、砂粒含量、黏粒含量、有机质含量、土壤容重与 $20\sim40\text{cm}$ 土层对应变量在多尺度上的相关程度依次增加，也就是说，$0\sim20\text{cm}$ 土层粗粉粒含量的空间变异性与 $20\sim40\text{cm}$ 土层粗粉粒含量空间变异性之间的相互关系不密切，$0\sim20\text{cm}$ 土层土壤容重的空间变异性与 $20\sim40\text{cm}$ 土层土壤容重空间变异性之间的相互关系非常密切，而 $0\sim20\text{cm}$ 土层砂粒含量、黏粒含量、有机质含量得空间变异性与 $20\sim40\text{cm}$ 土层对应变量空间变异性之间的相互关系介于上述两者之间。

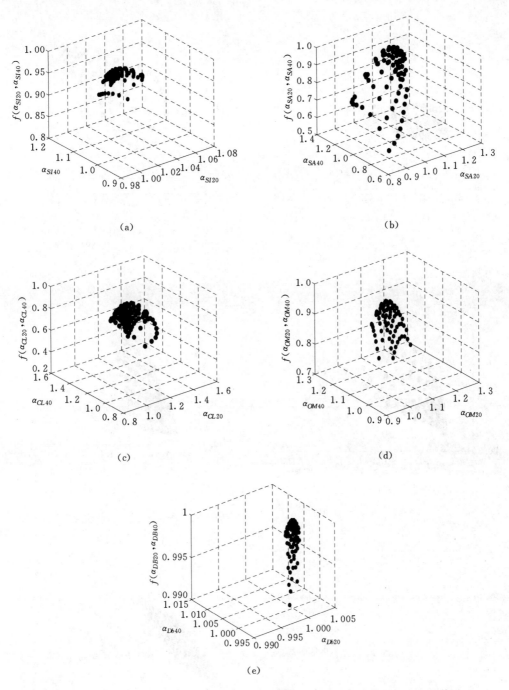

图 3 - 6　0～20cm 土层和 20～40cm 土层土壤基本物理特性的联合多重分形谱图

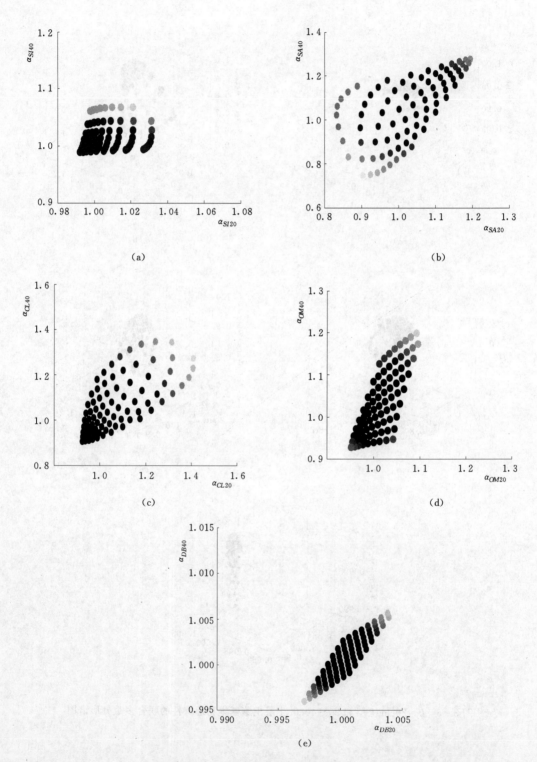

图 3-7　0～20cm 土层和 20～40cm 土层土壤基本物理特性联合多重分形谱的灰度图

参 考 文 献

[1] 刘付程,史学正,潘贤章,等. 苏南典型地区土壤颗粒的空间变异特征 [J]. 土壤通报,2003,34 (4):246-249.

[2] 张世熔,黄元仿,李保国. 冲积平原区土壤颗粒组成的趋势效应与异向性特征 [J]. 农业工程学报,2004,20 (1):56-60.

[3] 邵明安,王全九,黄明斌. 土壤物理学 [M]. 北京:高等教育出版社,2006.

[4] 张继义,王娟,赵哈林. 沙地植被恢复过程土壤颗粒组成变化及其空间变异特征 [J]. 水土保持学报,2009,23 (3):153-157.

[5] 陈晓燕,牛青霞,周继,等. 人工模拟降雨条件下紫色土陡坡地土壤颗粒分布空间变异特征 [J]. 水土保持学报,2010,24 (5):163-168.

[6] 郑纪勇,邵明安,张兴昌. 黄土区坡面表层土壤容重和饱和导水率空间变异特征 [J]. 水土保持学报,2004,18 (3):53-56.

[7] 魏建兵,肖笃宁,张兴义,等. 侵蚀黑土容重空间分异与地形和土地利用的关系 [J]. 水土保持学报,2006,20 (3):118-122.

[8] 张春敏,王根绪,龙训建,等. 高寒草甸典型植被退化小流域土壤容重空间变异特征 [J]. 河南农业科学,2007,6:90-95.

[9] 王云强,张兴昌,朱元骏,等. 次降雨后不同时段坡地表层土壤水分和容重的空间变异特征 [J]. 水土保持学报,2011,25 (5):242-246.

[10] 肖波,王庆海,尧水红,等. 黄土高原东北缘退耕坡地土壤养分和容重空间变异特征研究 [J]. 水土保持学报,2009,23 (3):92-96.

[11] 黄元仿,周志宇,苑小勇,等. 干旱荒漠区土壤有机质空间变异特征 [J]. 生态学报,2004,24 (12):2776-2781.

[12] 蒋勇军,袁道先,谢世友,等. 典型岩溶流域土壤有机质空间变异——以云南小江流域为例 [J]. 生态学报,2007,27 (5):2040-2047.

[13] 杨奇勇,杨劲松. 不同尺度下耕地土壤有机质和全氮的空间变异特征 [J]. 水土保持学报,2010,24 (3):100-104.

[14] 雷能忠,蒋锦刚,黄大鹏. 杭埠河流域土壤全氮和有机质的空间变异特征 [J]. 厦门大学学报(自然科学版),2008,47 (2):300-304.

[15] 宋莎,李廷轩,王永东,等. 县域农田土壤有机质空间变异及其影响因素分析 [J]. 土壤,2011,43 (1):44-49.

[16] 杨东,刘强. 河西地区土壤全氮及有机质空间变异特征分析——以张掖市甘州区为例 [J]. 干旱地区农业研究,2010,28 (4):183-187.

[17] 苑小勇,黄元仿,高如泰,等. 北京市平谷区农用地土壤有机质空间变异特征 [J]. 农业工程学报,2008,24 (2):70-76.

[18] 李婷,张世熔,刘浔,等. 沱江流域中游土壤有机质的空间变异特点及其影响因素 [J]. 土壤学报,2011,48 (4):863-868.

[19] 李亨伟,胡玉福,邓良基,等. 川中丘陵区紫色土微地形下有机质空间变异特征 [J]. 土壤通报,2009,40 (3):552-554.

[20] 刘慧屿,魏丹,汪景宽,等. 黑龙江省双城市土壤有机质和速效养分的空间变异特征 [J]. 沈阳农业大学学报,2006,37 (2):195-199.

[21] Zeleke T B, Si B C. Scaling relationships between saturated hydraulic conductivity and soil physical properties [J]. Soil Sci. Soc. Am. J.,2005,69:1691-1702.

第四章　土壤水分的垂直变化规律与转换研究

当降雨或灌溉停止，地表贮水蒸发或渗入土壤以后，入渗过程便告结束，然而，土壤内向下运动的水分并未立即停止，可能会持续一段较长的时间。土壤水的再分布过程非常重要，它决定着不同时间及不同深度土壤保持的水量，从而影响植物的水分收支。再分布过程中下渗水流的速率和持续时间，决定着土壤的有效贮水量。再分布过程的重要性，还在于它常常决定着通过根系层流失的水量和盐类淋洗的数量。土壤含水率的监测，是必不可少和相当重要的。然而，大范围实时土壤水分监测却是世界公认的难题，遥感技术的发展，使大面积土壤水分实时动态监测成为可能[1-14]，但遥感反演土壤水分的深度不可能太深，而且关于遥感反演土壤水分的最佳深度问题也无统一的看法[15]。土壤表层与深层水分存在一定的关系，可通过表层土壤水分的测定模拟预测深层土壤水分[16-21]。因此，研究土壤水分在垂直方向上的动态变化，利用表层土壤水分反演深层土壤水分，有助于根据土壤水分状况确定灌溉制度，可为土壤水分的有效利用与动态调控管理提供决策依据与指导。

第一节　土壤水分的垂直变化规律

一、数据来源

试验地设在山东省烟台市农科院樱桃园内，在生长旺期内，选择两株长势良好且具有代表性的樱桃树，在其下方各埋一根 2m 长的土壤水分探管（探管Ⅰ和探管Ⅱ）。测量时间为 2005 年 4 月 11 日至 2005 年 8 月 30 日，期间共测得 14 次的试验数据。土壤含水率采用德国产 Trime 土壤水分速测系统测定，每隔 10cm 测定一次，测定深度为 0～180cm，测定数值为土壤体积含水率。

二、土壤含水率的垂直分布特征

根据测定的试验结果，选择几次具有代表性的试验数据，绘制了土壤含水率在垂直剖面上的分布状况图，如图 4-1 所示中的（a）、（b）分别利用探管Ⅰ和探管Ⅱ获取的试验数据绘制的土壤含水率在垂直方向上的分布图。

由图 4-1 可知，利用探管Ⅰ和探管Ⅱ测定的土壤含水率都随土层深度的增加呈曲线变化。0～90cm 范围内，随着土层深度的增加，利用探管Ⅰ和探管Ⅱ测定土壤含水率都呈降低趋势；90～180cm 范围内，随土层深度的增加，利用探管Ⅰ测定的土壤含水率变化不明显，利用探管Ⅱ测定的土壤含水率在 150cm 处后明显降低，这可能是由于探管Ⅱ所在区域150cm处出现沙层，沙层蓄水保水能力差，从而使土壤含水率明显降低。土壤含水率在垂直方向上的分布状况反映了灌溉、降水和蒸发蒸腾、樱桃根系分布状况以及相应的水分消耗区域对不同土层土壤含水率的影响。

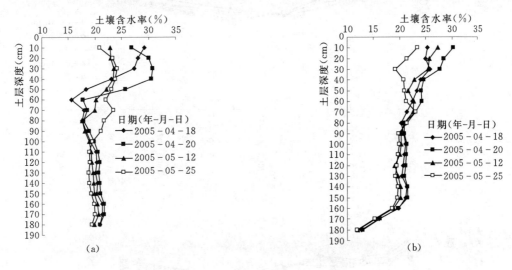

图4-1 土壤含水率的垂直分布图

三、不同土层土壤含水率随时间的变化特征

如图4-2所示为探管Ⅰ在0～180cm土层范围内各土层土壤含水率随时间的变化动态图。其中2005年5月7日利用探管Ⅰ测定土壤含水率时，170～180cm土层没有观测数据，故没有推求2005年5月7日0～180cm土层土壤含水率的平均值，所以图4-2中0～180cm土层范围内各土层土壤含水率变化曲线没有2005年5月7日0～180cm土层的土壤含水率。如图4-3所示为探管Ⅱ在0～180cm土层范围内各土层土壤含水率随时间的变化动态图。

（一）探管Ⅰ在0～180cm各土层土壤含水率随时间的变化动态

从图4-2可以看出，在研究时间内，利用探管Ⅰ测定的0～180cm土层范围内各土层土壤含水率随时间变化的动态基本一致，0～180cm土层范围内各土层土壤含水率基本上都在2005年4月20日出现最大值，随后呈现减小趋势，然后趋于平稳。此外，土层深度较浅时，各土层土壤含水率之间的差异相对较大；土层深度较深时，各土层土壤含水率之间的差异较小。

（二）探管Ⅱ0～180cm各土层土壤含水率随时间的变化动态

由图4-3可知，试验期间内，利用探管Ⅱ测定的0～180cm土层范围内各土层土壤含水率随时间变化呈现的趋势基本一致。0～180cm土层范围内各土层土壤含水率的最大值也基本上都在2005年4月20日出现，随后呈降低趋势，然后趋于平稳。土层深度较浅时，各土层土壤含水率之间的差异同样相对较大；土层深度较深时，各土层土壤含水率之间的差异同样较小。

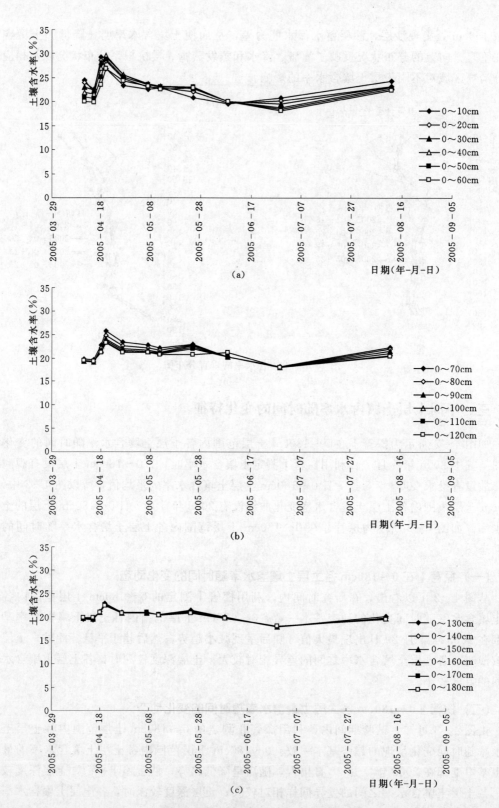

图 4-2 不同土层土壤含水率随时间的变化图（探管Ⅰ）

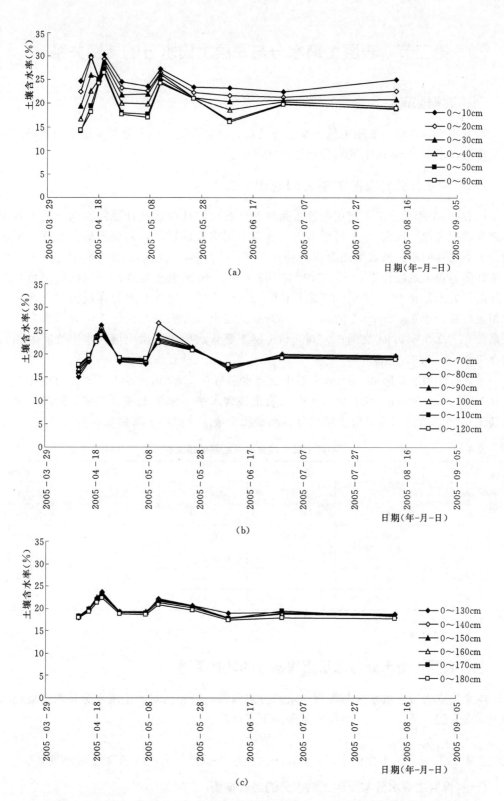

图 4-3　不同土层土壤含水率随时间的变化图（探管Ⅱ）

第二节　表层土壤水分与深层土壤水分的转换关系

一、数据来源

本节基于本章第一节测定的土壤水分数据，建立表层土壤水分与深层土壤水分之间的经验模型，求解 Biswas 土壤水分估算模式参数。

二、不同土层土壤含水率之间的相关性

如表 4-1 所示给出了利用探管 Ⅰ 和探管 Ⅱ 获取的试验数据计算的不同土层土壤含水率之间的相关性。从表 4-1 可以看出，随着土层深度的增加，表层土壤含水率与深层土壤含水率之间的相关系数呈逐渐增大趋势。其中 0～10cm 土层土壤含水率与深层土壤含水率之间的相关系数介于 0.35～0.48 之间；0～20cm 土层土壤含水率与深层土壤含水率之间的相关系数介于 0.53～0.67 之间；0～30cm 土层土壤含水率与深层土壤含水率之间的相关系数介于 0.75～0.85 之间；0～50cm 土层土壤含水率与深层土壤含水率之间的相关系数介于 0.90～0.94 之间；0～80cm 土层土壤含水率与深层土壤含水率之间的相关系数介于 0.85～0.97 之间。

上述分析表明，除 0～80cm 土层土壤含水率与 0～180cm 土层土壤含水率的相关系数为 0.85 外，0～50cm 土层、0～80cm 土层土壤含水率与深层土壤含水率之间的相关系数均高于 0.90，这为利用表层土壤水分预测深层土壤水分提供了前提基础与指导。

表 4-1　　　　　　　　　　　不同土层土壤含水率之间的相关性

土层深度	0～10cm	0～20cm	0～30cm	0～50cm	0～80cm
0～50cm	0.37	0.61②	0.85②	1.00②	0.92②
0～80cm	0.35	0.53①	0.75②	0.92②	1.00②
0～100cm	0.37	0.56②	0.78②	0.94②	0.97②
0～120cm	0.41	0.60②	0.80②	0.92②	0.94②
0～150cm	0.48①	0.67②	0.84②	0.90②	0.90②
0～180cm	0.40	0.65②	0.85②	0.93②	0.85②

① 在 0.05 水平上显著。
② 在 0.01 水平上显著。

三、表层土壤水分与深层土壤水分的转换关系

本章建立表层土壤水分与深层土壤水分之间的转换关系时，土壤水分采取土壤储水量的形式来表述，某一土层土壤储水量采用下式计算：

$$W = rh \tag{4-1}$$

式中：W 为某一土层土壤储水量，cm；r 为土壤体积含水率，%；h 为土层厚度，cm。

（一）表层土壤水分与深层土壤水分的经验模型

上述分析表明，不同土层土壤水分之间存在不同程度相关性，而回归分析在实际问题

中的应用非常广泛，因此可利用回归分析建立和分析不同土层土壤水分之间的经验关系[17]。本节利用 2005 年 4 月 11 日～2005 年 8 月 12 日测定的土壤水分数据，建立了表层土壤水分与深层土壤水分之间的经验模型，如表 4-2 所示给出了表层土壤水分与深层土壤水分的经验模型的具体形式。

表 4-2 表层土壤水分与深层土壤水分的经验模型

预测深度（cm）	经验模型	R^2
0～10 预测 0～50	$W_{50} = 2.334 W_{10} + 5.0673$	0.1383
0～10 预测 0～100	$W_{100} = 2.6364 W_{10} + 14.035$	0.1380
0～20 预测 0～50	$W_{50} = 1.9122 W_{20} + 1.6018$	0.3702
0～20 预测 0～100	$W_{100} = 1.9996 W_{20} + 10.889$	0.3165
0～30 预测 0～50	$W_{50} = 1.7217 W_{30} - 1.3003$	0.7185
0～30 预测 0～100	$W_{100} = 1.791 W_{30} + 7.9128$	0.6086
0～50 预测 0～80	$W_{80} = 1.1348 W_{50} + 4.4867$	0.8520
0～50 预测 0～100	$W_{100} = 1.0662 W_{50} + 8.9932$	0.8887
0～50 预测 0～120	$W_{120} = 1.0639 W_{50} + 12.931$	0.8482
0～50 预测 0～150	$W_{150} = 1.1532 W_{50} + 17.866$	0.8170
0～50 预测 0～180	$W_{180} = 1.3482 W_{50} + 21.092$	0.8669
0～80 预测 0～100	$W_{100} = 0.8934 W_{80} + 5.5489$	0.9431
0～100 预测 0～150	$W_{150} = 1.0837 W_{80} + 8.0952$	0.9230

由表 4-2 可知，0～10cm 土层、0～20cm 土层、0～30cm 土层土壤水分与深层土壤水分之间的转换关系较差。其中 0～10cm 土层土壤水分与 0～50cm 土层、0～100cm 土层土壤水分经验模型的决定系数分别为 0.1383、0.1380，0～20cm 土层土壤水分与 0～50cm 土层、0～100cm 土层土壤水分经验模型的决定系数分别为 0.3702、0.3165，0～30cm 土层土壤水分与 0～50cm 土层、0～100cm 土层土壤水分经验模型的决定系数分别为 0.7185、0.6086。0～50cm 土层、0～80cm 土层土壤水分与深层土壤水分之间的转换关系较好。其中 0～50cm 土层土壤水分与 0～80cm 土层、0～100cm 土层、0～120cm 土层、0～150cm 土层、0～180cm 土层土壤水分经验模型的决定系数分别为 0.8520、0.8887、0.8482、0.8170、0.8669，0～80cm 土层土壤水分与 0～100cm 土层、0～150cm 土层土壤水分经验模型的决定系数分别为 0.9431、0.9230。

上述分析表明，0～10cm 土层、0～20cm 土层、0～30cm 土层由于受外界条件的影响较大，不适合利用 0～10cm 土层、0～20cm 土层、0～30cm 土层土壤水分预测深层土壤水分，可利用 0～50cm 土层土壤水分预测深层土壤水分，且预测精度较高。

（二）Biswas 土壤水分估算模式

1. Biswas 土壤水分估算模式简介

Biswas 等[19]提出土壤水分随深度呈现非线性变化趋势，给出了根据表层土壤水分确定深层土壤水分的估算模式：

$$S = A(d - d_0) + S_0[1 + B(d - d_0)^2] + S_c \qquad (4-2)$$

式中：S 为 $0 \sim d$ cm 土层的土壤水分储量；S_0 为土壤表层 $0 \sim d_0$ cm 的土壤水分储量；A、B 和 S_c 为常数。

当 $d = d_0$ 且 d 不趋于 0 时，$S = S_0$，且令 $S_c = 0$；当 $d \neq d_0$ 时，S_c 为一常数。

由式（4-2）可得到式（4-3）：

$$S - S_0 = A(d - d_0) + S_0 B(d - d_0)^2 + S_c \qquad (4-3)$$

为简便起见，记 $S - S_0$ 为 y，记 $d - d_0$ 为 x，则式（4-3）可变为式（4-4）：

$$y = Ax + S_0 B x^2 + S_c \qquad (4-4)$$

2. Biswas 土壤水分估算模式参数确定

本章设 d_0 分别取 10cm、20cm、30cm 和 50cm，利用实测土壤水分数据拟合式（4-4），具体关系式如表 4-3 所示。根据表 4-3 中的关系式，求得 Biswas 土壤水分估算模式的参数值，具体结果如表 4-4 所示中。

表 4-3　　　　　　　　　d_0 取不同值时式（4-4）的具体形式表

d_0 (cm)	式（4-4）	R^2
10	$y = -2 \times 10^{-5} x^2 + 0.1981x + 0.4684$	0.9626
20	$y = -2 \times 10^{-5} x^2 + 0.1959x + 0.1655$	0.9632
30	$y = -3 \times 10^{-5} x^2 + 0.1975x - 0.1644$	0.9701
50	$y = -7 \times 10^{-5} x^2 + 0.2028x - 0.1877$	0.9873

表 4-4　　　　　　　　　Biswas 土壤水分估算模式参数值表

d_0	10	20	30	50
参数 A	0.1981	0.1959	0.1975	0.2028
参数 B	$-0.00002/S_0$	$-0.00002/S_0$	$-0.00003/S_0$	$-0.00007/S_0$
参数 S_c	0.4684	0.1655	-0.1664	-0.1877

（三）经验模型与 Biswas 土壤水分估算模式的预测精度

为检验根据 2005 年 4 月 11 日至 2005 年 8 月 12 日测定数据建立的经验模型和 Biswas 土壤水分估算模式的预测精度，利用建立的经验模型和 Biswas 土壤水分估算模式对未参加建模的 2005 年 8 月 16、2005 年 8 月 25 日与 2005 年 8 月 30 日的 $0 \sim 80$ cm 土层、$0 \sim 1000$ cm 土层、$0 \sim 120$ cm 土层和 $0 \sim 150$ cm 土层土壤水分进行预测，通过比较分析预测值的相对误差，明确经验模型和 Biswas 土壤水分估算模式的预测精度，确定利用表层土壤水分预测深层土壤水分时的最佳表层土壤深度。

1. 探管 Ⅰ 测定土壤水分的预测结果

为检验所建经验模型与 Biswas 土壤水分估算模式的预测精度，利用所建模型对探管 Ⅰ 测定的土壤水分进行预测，预测结果列于表 4-5。由表 4-5 可知，利用 $0 \sim 10$ cm 土层、$0 \sim 20$ cm 土层、$0 \sim 30$ cm 土层、$0 \sim 50$ cm 土层土壤水分预测深层土壤水分时，预测结果的相对误差分别介于 $0.57\% \sim 7.43\%$、$0.80\% \sim 9.89\%$、$0.22\% \sim 11.29\%$、$0.09\% \sim 2.72\%$ 之间。相比而言，利用 $0 \sim 50$ cm 土层土壤水分预测深层土壤水分时，经验模型与

Biswas 土壤水分估算模式预测结果的相对误差误差最小，预测精度最高。

表 4 - 5 经验模型与 Biswas 土壤水分估算模式的预测结果表（探管 I）

预测深度（cm）	预测模型	预测值（cm）			相对误差（%）		
		08.16	08.25	08.26	08.16	08.25	08.30
0～10 预测 0～50	经验模型	9.71	10.58	10.53	4.41	4.92	5.71
	Biswas 估算模式	10.35	10.72	10.70	1.87	6.35	7.43
0～10 预测 0～100	经验模型	19.28	20.26	20.20	4.07	2.20	2.93
	Biswas 估算模式	20.22	20.49	20.48	0.57	3.41	4.31
0～20 预测 0～50	经验模型	9.15	9.77	9.79	9.89	3.11	1.75
	Biswas 估算模式	9.97	10.29	10.30	1.83	2.13	3.46
0～20 预测 0～100	经验模型	18.79	19.43	19.45	6.53	1.98	0.93
	Biswas 估算模式	19.66	19.98	19.99	2.19	0.80	1.83
0～30 预测 0～50	经验模型	9.01	9.36	9.39	11.29	7.17	5.71
	Biswas 估算模式	9.76	9.96	9.98	3.90	1.17	0.22
0～30 预测 0～100	经验模型	18.64	18.99	19.03	7.26	4.14	3.03
	Biswas 估算模式	19.50	19.70	19.70	2.98	0.59	0.36
0～50 预测 0～80	经验模型	16.02	15.93	15.79	2.58	0.89	0.51
	Biswas 估算模式	15.99	15.91	15.79	2.72	0.98	0.48
0～50 预测 0～100	经验模型	19.83	19.74	19.61	1.36	0.40	0.09
	Biswas 估算模式	19.94	19.86	19.73	0.81	0.19	0.55
0～50 预测 0～120	经验模型	23.74	23.66	23.53	0.42	0.92	1.11
	Biswas 估算模式	23.83	23.75	23.63	0.78	1.30	1.53
0～50 预测 0～150	经验模型	29.58	29.49	29.35	2.19	2.39	2.59
	Biswas 估算模式	29.55	29.47	29.35	2.08	2.33	2.59

2. 探管 II 测定土壤水分的预测结果

为检验所建模型的预测精度，利用经验模型与 Biswas 土壤水分估算模式对探管 II 测定的土壤水分进行预测，预测值与预测值的相对误差如表 4 - 6 所示。分析表 4 - 6 可知，利用 0～10cm 土层、0～20cm 土层、0～30cm 土层、0～50cm 土层土壤水分预测深层土壤水分时，土壤水分预测值的相对误差分别介于 1.06%～7.68%、0.31%～7.84%、0.32%～7.46%、0.14%～4.57% 之间。从预测值相对误差的变化范围看，利用 0～10cm 土层、0～20cm 土层、0～30cm 土层土壤水分预测深层土壤水分时，预测值的相对误差相对偏高，利用 0～50cm 土层土壤水分预测深层土壤水分时，预测值的相对误差相对偏低。

综合分析经验模型与 Biswas 土壤水分估算模式对探管 I 和探管 II 测定土壤水分的预测结果可以发现，利用 0～10cm 土层、0～20cm 土层、0～30cm 土层、0～50cm 土层土壤水分预测深层土壤水分时，相比而言，以 0～50cm 土层土壤水分作为自变量时，经验模型与 Biswas 土壤水分估算模式预测值的相对误差较小，预测精度较高。因此，0～

50cm 土层可作为研究区域预测深层土壤水分的最佳表层土壤深度。

表 4-6   经验模型与 Biswas 土壤水分估算模式的预测结果表（探管 II）

预测深度（cm）	预测模型	预测值（cm）			相对误差（%）		
		08.16	08.25	08.30	08.16	08.25	08.30
0~10 预测 0~50	经验模型	10.06	11.11	10.67	3.16	7.68	3.27
	Biswas 估算模式	10.50	10.95	10.76	1.06	6.11	2.44
0~10 预测 0~100	经验模型	19.68	20.86	20.36	4.67	2.42	4.18
	Biswas 估算模式	20.28	20.73	20.54	1.77	1.75	3.36
0~20 预测 0~50	经验模型	9.58	10.61	10.44	7.84	2.79	5.38
	Biswas 估算模式	10.19	10.73	10.65	1.88	4.02	3.49
0~20 预测 0~100	经验模型	19.23	20.31	20.13	6.84	0.31	5.28
	Biswas 估算模式	20.01	20.25	20.33	3.07	0.57	4.33
0~30 预测 0~50	经验模型	9.62	10.29	10.56	7.46	0.32	4.24
	Biswas 估算模式	10.11	10.50	10.66	2.68	1.76	3.34
0~30 预测 0~100	经验模型	19.27	19.97	20.25	6.65	1.98	4.69
	Biswas 估算模式	19.85	20.24	20.40	3.82	0.63	3.98
0~50 预测 0~80	经验模型	16.28	16.19	17.00	4.25	2.66	3.06
	Biswas 估算模式	16.22	16.15	16.86	4.57	2.92	3.86
0~50 预测 0~100	经验模型	20.07	19.99	20.75	2.76	1.83	2.34
	Biswas 估算模式	20.17	20.09	20.81	2.29	1.34	2.08
0~50 预测 0~120	经验模型	23.98	23.91	24.67	0.48	0.25	0.26
	Biswas 估算模式	24.06	23.98	24.69	0.19	0.57	0.14
0~50 预测 0~150	经验模型	30.44	29.77	30.61	4.19	2.72	2.39
	Biswas 估算模式	29.78	29.71	30.42	1.96	2.53	1.78

第三节　土壤水分 BP 神经网络估算模型

一、数据来源

本节基于本章第一节测定的土壤水分数据，构建以表层土壤水分为输入变量，深层土壤水分为输出变量的 BP 神经网络估算模型。

二、BP 网络结构及算法[22]

BP 神经网络由输入层、隐含层和输出层 3 部分构成，如图 4-4 所示。BP 算法不仅有输入层节点、输出层节点，还可有一个或多个隐含层节点。对于输入信号，要先向前传播到隐含层节点，经作用函数后，再把隐节点的输出信号传播到输出节点，最后输出结果。节点的作用的激励函数通常选取 S 函数，如式（4-5）。该算法的学习过程由正向传播和反向传播组成，在正向传播过程中，输入信息从输入层经隐含层逐层处理，并传向输出层。若输出层得不到期望的输出，则转入反向传播，将误差信号沿原连接通道返回，修改各层神经元的权值，使误差信号最小。

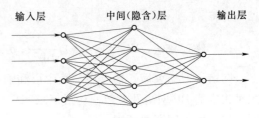

图 4-4　BP 神经网络模型图

$$f(x) = \frac{1}{1 + e^{-x/Q}} \tag{4-5}$$

式中：Q 为调整激励函数形式的 Sigmoid 参数。

假定网络含有 n 个节点，各节点之间特性为 Sigmoid 型。为简便起见，指定网络只有一个输出 y，任意节点 i 的输出为 O_i，共有 N 个样本 (x_k, y_k) $(k=1, 2, 3, \cdots, N)$，对某一输入 x_k，网络输出为 y_k，节点 i 的输出 O_{ik}，节点 j 的输入为：

$$net_{jk} = \sum_i W_{ij} O_{ik} \tag{4-6}$$

将误差函数定义为：

$$E = \frac{1}{2} \sum_{k=1}^{N} (y_k - \hat{y}_k)^2 \tag{4-7}$$

式中：$\hat{y}_k$ 为网络实际输出。

定义 $E_k = (y_k - \hat{y}_k)^2$，$\delta_{jk} = \partial E_k / \partial net_{jk}$，且 $O_{ik} = f(net_{jk})$，则：

$$\frac{\partial E_k}{\partial W_{ij}} = \frac{\partial E_k}{\partial net_{jk}} \frac{\partial net_{jk}}{\partial W_{ij}} = \frac{\partial E_k}{\partial net_{jk}} O_{ik} = \delta_{jk} O_{ik} \tag{4-8}$$

当 j 为输出节点时

$$O_{ik} = \hat{y}_k$$

$$\delta_{jk} = \frac{\partial E_k}{\partial \hat{y}_k} \frac{\partial \hat{y}_k}{\partial net_{jk}} = -(y_k - \hat{y}_k) f'(net_{jk}) \tag{4-9}$$

当 j 不是输出节点时，则有：

$$\delta_{jk} = \frac{\partial E_k}{\partial net_{jk}} = \frac{\partial E_k}{\partial O_{jk}} \frac{\partial O_{jk}}{\partial net_{jk}} = \frac{\partial E_k}{\partial O_{jk}} f'(net_{jk}) \tag{4-10}$$

$$\frac{\partial E_k}{\partial O_{jk}} = \sum_m \frac{\partial E_k}{\partial net_{mk}} \frac{\partial net_{mk}}{\partial O_{jk}} = \sum_m \frac{\partial E_k}{\partial net_{mk}} \frac{\partial}{\partial jk} \sum_i W_{mi} O_{ik} = \sum_m \frac{\partial E_k}{\partial net_{mk}} \sum_i W_{mj} = \sum_m \delta_{mk} W_{mj} \tag{4-11}$$

因此

$$\begin{cases} \delta_{jk} = f'(net_{jk}) \sum_m \delta_{mk} W_{mj} \\ \dfrac{\partial E_k}{\partial W_{ij}} = \delta_{mk} O_{ik} \end{cases} \tag{4-12}$$

若共有 M 层，而 M 层仅含输出层，第一层为输入节点，则 BP 网络的具体算法为：

（1）选取初始权值 W。

（2）重复下述过程直至收敛：对于 $k=1$ 到 N，计算 O_{ik}，net_{jk}，$\hat{y}_k$ 的值（正向过程），对各层从 M 到 2 反向计算（反向过程）；对同一节点 $j \in M$，由式（4-9）和式（4-

12）计算 δ_{jk}。

（3）修正权值，$W_{ij} = W_{ij} - \mu \dfrac{\partial E}{\partial W_{ij}}$，$\mu > 0$，其中 $\dfrac{\partial E}{\partial W_{ij}} = \sum\limits_{k}^{N} \dfrac{\partial E_k}{\partial W_{ij}}$。

网络学习结束后，输入层、隐含层和输出层之间的连接权值和相应的阈值随之确定，此时相应的 BP 网络及参数便构成所求问题的神经网络模型，根据该模型及实际资料输入便可进行所求问题的预测。

三、土壤水分 BP 神经网络结构的确定

人工神经网络是一个大规模自组织、自适应和自学习的非线性动力系统，具有强大的非线性和容错能力。考虑到土壤水分受众多因素影响，具有非线性特征，本节利用 BP 神经网络建立了土壤水分的估算模型。本章第二节分析表层土壤水分与深层土壤水分之间的转换关系时，发现 0～50cm 土层是预测深层土壤水分的最佳表层土壤深度，为此，本节利用 0～50cm 范围内各层土壤水分储水量为输入变量，建立了深层土壤水分的 BP 神经网络估算模型。

BP 神经网络模型有输入层、隐含层和输出层 3 部分组成。构建深层土壤水分 BP 神经网络模型时，输入变量选取 0～10cm 土层、0～20cm 土层、0～30cm 土层、0～40cm 土层、0～50cm 土层的土壤水分储水量，输出变量分别为 0～80cm 土层、0～100cm 土层、0～120cm 土层、0～150cm 土层、0～170cm 土层的土壤水分储水量，隐含层单元数为利用 DPS 软件建立 BP 神经网络模型时默认的单元数（5）。

为便于表述，预测 0～80cm 土层土壤水分的 BP 神经网络模型简称为模型Ⅰ，预测 0～100cm 土层土壤水分的 BP 神经网络模型简称为模型Ⅱ，预测 0～120cm 土层土壤水分的 BP 神经网络模型简称为模型Ⅲ，预测 0～150cm 土层土壤水分的 BP 神经网络模型简称为模型Ⅳ，预测 0～170cm 土层土壤水分的 BP 神经网络模型简称为模型Ⅴ。

四、土壤水分 BP 神经网络估算模型的建立

利用 2005 年 4 月 11 日至 2005 年 8 月 12 日测定的不同土层土壤水分数据对模型Ⅰ～模型Ⅴ进行训练，其中模型Ⅰ训练停止时，拟合残差为 0.0097；模型Ⅱ训练停止时，拟合残差为 0.0078；模型Ⅲ训练停止时，拟合残差为 0.0149；模型Ⅳ训练停止时，拟合残差为 0.0145；模型Ⅴ训练停止时，拟合残差为 0.0087。利用模型Ⅰ～模型Ⅴ拟合得到的 0～80cm 土层、0～100cm 土层、0～120cm 土层、0～150cm 土层、0～170cm 土层土壤水分储量与实测值之间的关系分别如图 4 - 5 中的（a）、（b）、（c）、（d）、（e）所示。

从图 4 - 5 可以看出，利用模型Ⅰ、模型Ⅱ、模型Ⅲ、模型Ⅳ、模型Ⅴ拟合得到的 0～80cm 土层、0～100cm 土层、0～120cm 土层、0～150cm 土层、0～170cm 土层土壤水分储量分布在 1∶1 直线附近，与 0～80cm 土层、0～100cm 土层、0～120cm 土层、0～150cm 土层、0～170cm 土层土壤水分储量的实测值非常接近。

五、土壤水分 BP 神经网络估算模型的验证

为进一步验证模型Ⅰ、模型Ⅱ、模型Ⅲ、模型Ⅳ、模型Ⅴ的预测精度，利用模型Ⅰ～

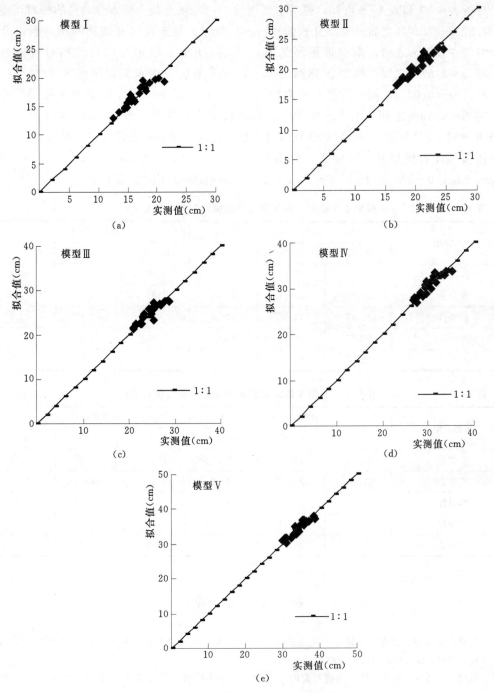

图 4-5　模型 I ~ 模型 V 拟合值与实测值的关系图

模型 V 对未参加建模的 2005 年 8 月 16、2005 年 8 月 25 日与 2005 年 8 月 30 日的土壤水分进行预测。如表 4-7 所示为利用模型 I、模型 II、模型 III、模型 IV、模型 V 对探管 I 测定的土壤水分进行预测的结果，如表 4-8 所示为利用模型 I ~ 模型 V 对探管 II 测定的土壤水分进行预测的结果。

分析表 4-7 和表 4-8 可知,模型 Ⅰ 预测的 0~80cm 土层土壤水分储量的相对误差介于 −7.27%~1.26% 之间;模型 Ⅱ 预测的 0~100cm 土层土壤水分储量的相对误差介于 −1.97%~1.75% 之间;模型 Ⅲ 预测的 0~120cm 土层土壤水分储量的相对误差介于 −3.96%~2.67% 之间;模型 Ⅳ 预测的 0~150cm 土层土壤水分储量的相对误差介于 −4.24%~−0.02% 之间;模型 Ⅴ 预测的 0~170cm 土层土壤水分储量的相对误差介于 −6.39%~0.19% 之间。上述分析表明,利用模型 Ⅰ~模型 Ⅴ 预测 2005 年 8 月 16 日、2005 年 8 月 25 日与 2005 年 8 月 30 日深层土壤水分时,预测值的相对误差都较小。因此,可利用模型 Ⅰ、模型 Ⅱ、模型 Ⅲ、模型 Ⅳ、模型 Ⅴ 预测研究区域 0~80cm 土层、0~100cm 土层、0~120cm 土层、0~150cm 土层、0~170cm 土层土壤水分。

表 4-7　　　　　　**模型 Ⅰ~模型 Ⅴ 的预测结果的相对误差(探管 Ⅰ)**

预测模型	预测值(cm)			相对误差(%)		
	08.16	08.25	08.30	08.16	08.25	08.30
模型 Ⅰ	16.23	17.24	16.94	1.26	−7.27	−6.74
模型 Ⅱ	19.85	20.21	19.99	1.26	−1.97	−1.86
模型 Ⅲ	23.66	24.07	23.88	−0.09	−2.67	−2.61
模型 Ⅳ	28.96	29.09	29.01	−0.02	−1.03	−1.39
模型 Ⅴ	32.97	32.45	32.42	−0.89	0.19	−0.40

表 4-8　　　　　　**模型 Ⅰ~模型 Ⅴ 的预测结果的相对误差(探管 Ⅱ)**

预测模型	预测值(cm)			相对误差(%)		
	08.16	08.25	08.30	08.16	08.25	08.30
模型 Ⅰ	16.93	17.79	17.83	0.44	−6.96	−1.63
模型 Ⅱ	20.28	20.61	21.19	1.75	−1.19	0.29
模型 Ⅲ	24.19	24.79	24.07	−0.37	−3.96	2.67
模型 Ⅳ	29.60	30.21	31.09	−1.35	−4.24	−4.01
模型 Ⅴ	33.43	33.25	35.16	−3.30	−3.44	−6.39

参 考 文 献

[1] 郭英,沈彦俊,赵超. 主被动微波遥感在农区土壤水分监测中的应用初探 [J]. 中国生态农业学报,2011,19 (5):1162-1167.

[2] 周鹏,丁建丽,王飞,等. 植被覆盖地表土壤水分遥感反演 [J]. 遥感学报,2010,14 (5):966-973.

[3] 姚艳丽,傅玮东,邢文渊,等. 基于 MODIS 资料的新疆土壤水分遥感应用研究 [J]. 中国农业气象,2011,32 (增):161-164.

[4] 赵杰鹏,张显峰,廖春华,等. 基于 TVDI 的大范围干旱区土壤水分遥感反演模型研究 [J]. 遥感技术与应用,2011,26 (6):742-750.

[5] 赵军,任皓晨,赵传燕,等. 黑河流域土壤含水量遥感反演及不同地类土壤水分效应分析 [J].

干旱区资源与环境，2009，23（8）：139-144.

[6] 郭娇，石建省，石迎春，等．黄河三角洲土壤水分遥感监测研究［J］．土壤学报，2008，45（2）：229-233.

[7] 李建龙，刘培君，朱明．利用遥感技术动态监测大面积农田土壤水分研究［J］．安全与环境学报，2003，3（3）：3-6.

[8] 杨涛，宫辉力，李小娟，等．土壤水分遥感监测研究进展［J］．生态学报，2010，30（22）：6264-6277.

[9] 田辉，文军，史小康，等．主动微波遥感黄河上游玛曲地区夏季土壤水分［J］．水科学进展，2011，22（1）：59-66.

[10] 周会珍，刘绍民，白洁，等．毛乌素沙地土壤水分的遥感监测［J］．农业工程学报，2008，24（10）：134-140.

[11] 杨胜天，刘昌明，王鹏新．黄河流域土壤水分遥感估算［J］．地理科学进展，2003，22（5）：454-462.

[12] 陈亮，施建成，蒋玲梅，等．基于物理模型的被动微波遥感反演土壤水分［J］．水科学进展，2009，20（5）：663-667.

[13] 余凡，赵英时．基于主被动遥感数据融合的土壤水分信息提取［J］．农业工程学报，2011，27（6）：187-192.

[14] 张宗海，张建平．科尔沁沙地土壤表层水分遥感反演模型研究［J］．水资源与水工程学报，2011，22（6）：127-136.

[15] 陈怀亮，冯定原，邹春辉，等．用遥感资料估算深层土壤水分的方法和模型［J］．应用气象学报，1999，10（2）：232-237.

[16] 杨静敬，蔡焕杰，王松鹤，等．杨凌区浅层土壤水分与深层土壤水分的关系研究［J］．干旱地区农业研究，2010，28（3）：53-57.

[17] 李红，周连第，侯旭峰，等．京郊平原区粮田深层土壤水分的预测［J］．节水灌溉，2002，20（2）：20-23.

[18] 鹿洁忠．根据土壤表层数据估算深层土壤水分［J］．农业气象，1987，8（2）：60-62.

[19] Biswas B C, Dasgupta S K. Estimate of moisture at deeper depth from surface layer data［J］. Mausam, 1979, 30（4）：40-45.

[20] 邓天宏，付祥军，申双和，等．0～50cm与0～100cm土层土壤湿度的转换关系研究［J］．干旱地区农业研究，2005，23（4）：64-68，102.

[21] 陈怀亮，冯定原，邹春辉，等．用遥感资料估算深层土壤水分的方法和模型［J］．应用气象学报，1999，10（2）：232-237.

[22] 唐启义．DPS数据处理系统——实验设计、统计分析及数据挖掘（第2版）［M］．北京：科学出版社，2010.

第五章 土壤粒径分布分形维数的分形特征及其应用研究

土壤质地作为土壤的属性之一，被广泛用来表征土壤的物理性质，但很多重要的土壤物理性质与土壤颗粒大小和孔隙分布有关，而土壤质地分类系统并不能反映出土壤颗粒的分布状况[1]。土壤粒径分布分形维数不仅能表征土壤颗粒大小，还能反映质地的均一程度[2,3]，用土壤粒径分布分形维数代替土壤颗粒组成来表征土壤质地特性使得描述更为简单[4]。此外，土壤粒径分布分形维数还可用来估算土壤水力特性参数[5,6]。因此，研究土壤粒径分布分形维数在表征土壤质地差异、估算土壤水力参数、了解土壤肥力、研究土壤侵蚀以及制定水土保持措施等方面有重要意义[5-18]。

第一节 土壤粒径分布分形维数的多重分形分析

一、数据来源

试验地位于陕西省杨凌的一林地内，林地所栽树种为七叶树、樱花和广玉兰，树龄各为 5 年、5 年和 3 年。沿一南北方向的横断面，每隔 15m 设一试验测点，总共设 32 个试验测点，如图 5-1 所示，在每一测点的周围挖一剖面，分别取 0～20cm 土层和 20～40cm 土层的土样。利用 Mastersizer2000 激光粒度仪测定土壤颗粒组成，输出小于 0.001mm、0.001～0.002mm、0.002～0.005mm、0.005～0.01mm、0.01～0.02mm、0.02～0.05mm、0.05～0.1mm、0.1～0.2mm、0.2～0.25mm、0.25～0.5mm 和 0.5～1mm 共 11 类粒级对应的土壤颗粒体积含量。

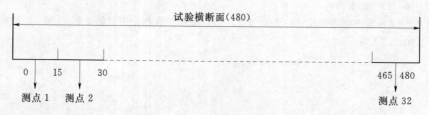

图 5-1 采样点布局（单位：m）

二、土壤粒径分布分形维数的变异系数分析

土壤粒径分布分形维数有土壤粒径分布质量分形维数和土壤粒径分布体积分形维数两种形式。因为本书利用 Mastersizer2000 激光粒度仪测定的土壤颗粒分布为体积分布，而

且求解土壤粒径分布的体积分形维数时，也不需要假定不同粒级的颗粒具有相同的密度，故本书研究分析所用的土壤粒径分布分形维数指土壤粒径分布体积分形维数。土壤粒径分布体积分形维数的计算公式如式（5-1）[19]。

$$\lg \frac{V(r < R)}{V_T} = (3 - D) \lg \frac{R}{R_{\max}} \qquad (5-1)$$

式中：D 为土壤粒径分布体积分形维数；r 为测定尺度；R 为某一特定粒径；$R_{\max}$ 为最大土壤颗粒粒径；V_T 为土壤颗粒总体积。

如表 5-1 所示给出了单一尺度上 0～20cm 土层与 20～40cm 土层土壤粒径分布分形维数的变异系数及其与土壤颗粒组成之间的相关性。本书中涉及的单一尺度均指在杨凌一林地内，沿一南北方向的横断面（480m），以 15m 为取样间距进行取样。由表 5-1 可知，0～20cm 土层与 20～40cm 土层土壤粒径分布分形维数的变异系数分别为 0.0217 和 0.0201，均小于 0.1，即不同土层土壤粒径分布分形维数均为弱变异；0～20cm 土层土壤粒径分布分形维数与黏粒含量、粗粉粒含量和砂粒含量的相关系数分别为 0.9084、0.3892 和 -0.6580，20～40cm 土层的土壤粒径分布分形维数与粘粒含量、粗粉粒含量和砂粒含量的相关系数分别为 0.9148、0.4641 和 -0.5633。上述分析表明不同土层土壤粒径分布分形维数与土壤颗粒组成之间的相关性表现出相似的变化规律，与黏粒含量的相关程度最高，与砂粒含量的相关程度次之，与粗粉粒含量的相关程度最低，即单一尺度上不同土层土壤粒径分布分形维数的空间变异性，都主要由黏粒含量的空间变异造成。

表 5-1　不同土层土壤粒径分布分形维数的变异系数及与土壤颗粒组成的相关性表

土壤粒径	CL	SI	SA	C_V
D_{20}	0.9084	0.3892	-0.6580	0.0217
D_{40}	0.9148	0.4641	-0.5633	0.0201

注　D_{20} 和 D_{40} 分别为 0～20cm 和 20～40cm 土层的土壤粒径分布分形维数；C_V 为变异系数。

三、土壤粒径分布分形维数的多重分形分析

为利用多重分形方法分析 0～20cm 土层与 20～40cm 土层土壤粒径分布分形维数的空间变异性，绘制了 0～20cm 土层与 20～40cm 土层土壤粒径分布分形维数的 $D(q)$—q 关系曲线，分别如图 5-2 中的（a）、（b）所示。绘制了 0～20cm 土层与 20～40cm 土层土壤粒径分布分形维数的多重分形谱，分别如图 5-3 中的（a）、（b）所示。其中 $q = -2$、-1.5、-1、-0.5、0、0.5、1、1.5 和 2，具体多重分形参数值如表 5-2 所示。

（一）土壤粒径分布分形维数的 $D(q)$—q 曲线

由图 5-2 和表 5-2 可知，$q \geqslant 0$ 时，随 q 的增加，0～20cm 土层与 20～40cm 土层土壤粒径分布分形维数的 $D(q)$ 的减小程度都非常小，$D(q)$ 值都非常接近于 1，其中 0～20cm 土层土壤粒径分布分形维数的 D_0、D_1、D_2 分别为 1、0.9999、0.9998，20～40cm 土层土壤粒径分布分形维数的 D_0、D_1、D_2 分别为 1、0.9999、0.9999，由多重分形的原

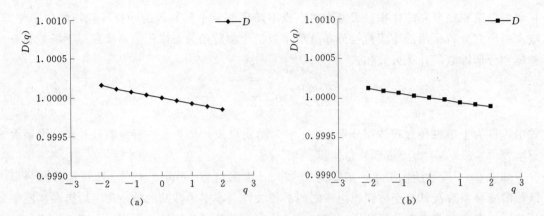

(a)　　　　　　　　　　　　　　(b)

图 5-2　0～20cm 土层与 20～40cm 土层土壤粒径分布分形维数的 $D(q)$—q 曲线图

表 5-2　　　　　　　不同土层土壤粒径分布分形维数的多重分形参数图

土层深度（m）	D_0	D_1	D_2	$\alpha_{\min}(q)$	$\alpha_{\max}(q)$	$\alpha_{\max}(q)-\alpha_{\min}(q)$
0～20	1	0.9999	0.9998	0.9998	1.0004	0.0006
20～40	1	0.9999	0.9999	0.9998	1.0003	0.0005

理可知，0～20cm 土层与 20～40cm 土层土壤粒径分布分形维数的多重分形特征都不明显。

（二）土壤粒径分布分形维数的 $f(q)$—$\alpha(q)$ 曲线

此外，从表 5-2 和图 5-3 可以看出，0～20cm 土层土壤粒径分布分形维数和 20～40cm 土层土壤粒径分布分形维数的多重分形谱都集中在很小的范围内，其中 0～20cm 土层和 20～40cm 土层土壤粒径分布分形维数的多重分形谱宽度分别为 0.0006、0.0005。不同土层土壤粒径分布分形维数的多重分形谱宽度都很小，说明研究区域内 0～20cm 土层与 20～40cm 土层土壤粒径分布分形维数的空间变异性均为弱变异，这与上文变异系数的分析结果一致。贾晓红等[4]也发现其研究区域内的土壤粒径分布分形维数为弱变异。

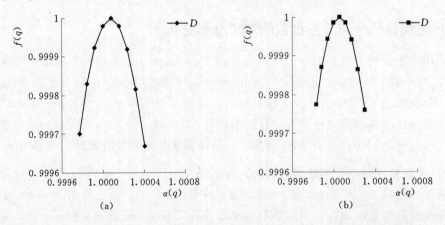

(a)　　　　　　　　　　　　　　(b)

图 5-3　0～20cm 土层与 20～40cm 土层土壤粒径分布分形维数的多重分形谱图

第二节　土壤粒径分布分形维数与土壤颗粒组成的
联合多重分形分析

一、数据来源

本节利用联合多重分形方法分析土壤粒径分布分形维数与土壤颗粒组成的尺度相关性，以及不同土层土壤粒径分布分形维数在多尺度上的相互关系时，所用数据与本章第一节所用数据一致。

二、D_{20} 与土壤颗粒组成的联合多重分形分析

利用联合多重分形方法分析 0～20cm 土层土壤粒径分布分形维数与土壤颗粒组成（黏粒含量、粗粉粒含量、砂粒含量）在多尺度上的相关性时，相关参数质量概率统计矩的阶的取值范围为 [−2，2]，即 −2≤q≤2。同时为清晰表示各参数，将 $\alpha^1(q^1, q^2)$ 分别表示成 α_{SI}、α_{SA} 和 α_{CL}，$\alpha^2(q^1, q^2)$ 表示成 α_D。如图 5-4 所示给出了 0～20cm 土层土壤粒

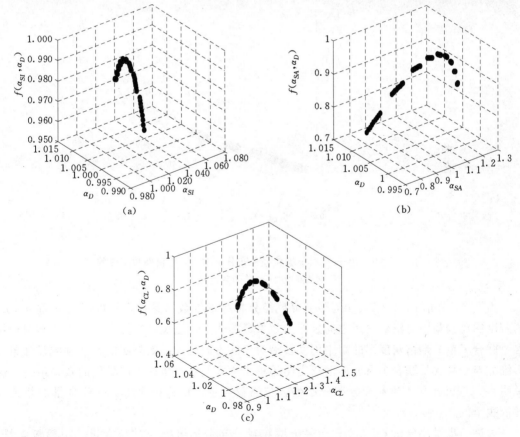

图 5-4　0～20cm 土层土壤粒径分布分形维数与土壤颗粒
组成的联合多重分形谱图

径分布分形维数分别与粗粉粒含量、砂粒含量、黏粒含量的联合多重分形谱，如图5-5所示分别为0～20cm土层土壤粒径分布分形维数分别与粗粉粒含量、砂粒含量、黏粒含量联合多重分形谱的灰度图。

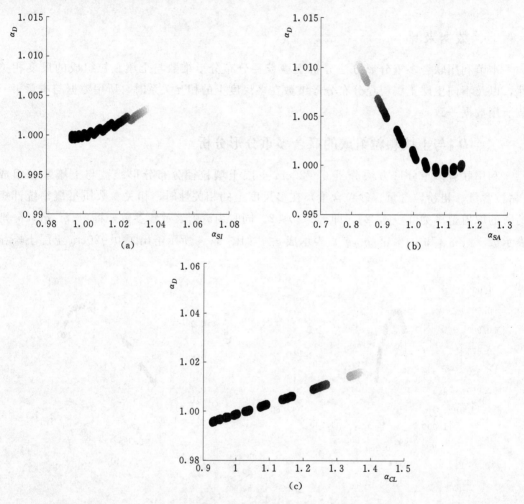

图5-5　0～20cm土层土壤粒径分布分形维数与土壤颗粒组成的
联合多重分形谱的灰度图

　　由图5-5可知，0～20cm土层土壤粒径分布分形维数与黏粒含量的联合多重分形谱的灰度图比较集中且沿对角线方向延伸的效果最为明显，土壤粒径分布分形维数与粗粉粒含量联合多重分形谱灰度图的集中程度及沿对角线方向延伸的效果次之，土壤粒径分布分形维数与砂粒含量联合多重分形谱灰度图的集中程度及沿对角线方向延伸的效果最差。这说明0～20cm土层土壤粒径分布分形维数与黏粒含量、粗粉粒含量、砂粒含量的相关程度依次降低。

　　为进一步量化分析0～20cm土层土壤粒径分布分形维数与黏粒含量、粗粉粒含量、砂粒含量在多尺度上的相关程度，求解了α_D分别与α_{CL}、α_{SI}和α_{SA}的相关系数。α_D与α_{CL}、α_{SI}和α_{SA}的相关系数依次为1、0.978和-0.923，在0.01水平上显著，这进一步说明在多尺度上 0~20cm 土层土壤粒径分布分形维数与黏粒含量、粗粉粒含量、砂粒含量的相关程度都非常显著，其中与黏粒含量的相关程度最显著，与粗粉粒含量的相关程度次之，与砂粒含量的相关程度最低。上述分析表明，在多尺度上黏粒含量的空间分布特征对土壤粒径分布分形维数空间分布特征的影响最明显，粗粉粒含量和砂粒含量的空间分布特征对土壤粒径分布分形维数空间分布特征的影响程度依次降低。

三、D_{40} 与土壤颗粒组成的联合多重分形分析

利用联合多重分形方法研究分析 20~40cm 土层土壤粒径分布分形维数与黏粒含量、粗粉粒含量、砂粒含量在多尺度上的相关性时，相关参数质量概率统计矩的阶的取值范围同样介于 [−2，2] 之间，$\alpha^1(q^1, q^2)$ 同样分别表示成 α_{SI}、α_{SA} 和 α_{CL}，$\alpha^2(q^1, q^2)$ 同样表示成 α_D。20~40cm 土层土壤粒径分布分形维数与粗粉粒含量、砂粒含量、黏粒含量的联合多重分形谱如图 5−6 所示。如图 5−7 所示给出了 20~40cm 土层土壤粒径分布分形维数与粗粉粒含量、砂粒含量、黏粒含量联合多重分形谱的灰度图。

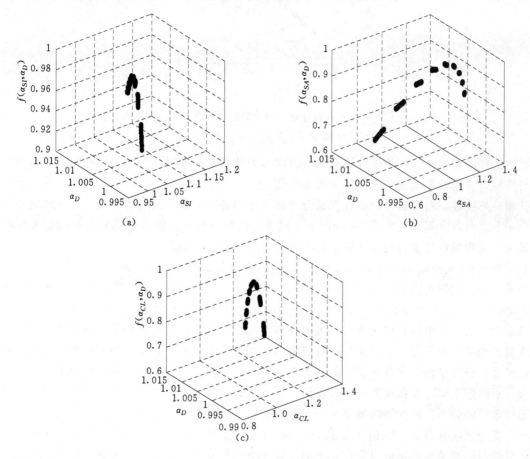

图 5−6　20~40cm 土层土壤粒径分布分形维数与土壤颗粒组成的
联合多重分形谱图

从图 5−7 可以看出，20~40cm 土层土壤粒径分布分形维数与黏粒含量的联合多重分

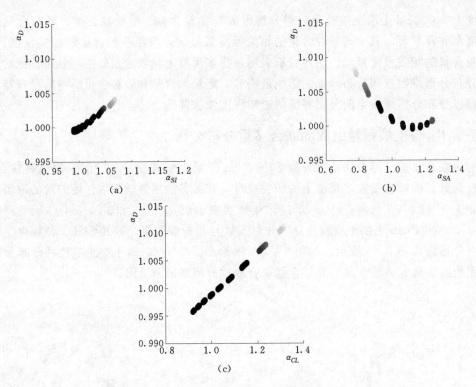

图 5-7　20～40cm 土层土壤粒径分布分形维数与土壤颗粒组成的
联合多重分形谱的灰度图

形谱的灰度图同样比较集中且沿对角线方向延伸的效果最为明显，土壤粒径分布分形维数
与砂粒含量联合多重分形谱灰度图的集中程度及沿对角线方向延伸的效果最差，土壤粒径
分布分形维数与粗粉粒含量联合多重分形谱灰度图的集中程度及沿对角线方向延伸的效果
介于上述两者之间。这说明 20～40cm 土层土壤粒径分布分形维数与黏粒含量的相关性最
显著，与粗粉粒含量的相关性次之，与砂粒含量的相关性最差。

　　20～40cm 土层 α_D 与 α_{CL}、α_{SI} 和 α_{SA} 之间的相关系数分析表明，α_D 与 α_{CL}，α_{SI} 和 α_{SA} 之
间的相关系数依次为 1、0.992 和 −0.875，在 0.01 水平上显著，这进一步说明在多尺度
上 20～40cm 土层土壤粒径分布分形维数与黏粒含量、粗粉粒含量、砂粒含量的相关程度
都非常显著。其中与黏粒含量的相关程度最显著，与粗粉粒含量的相关程度次之，与砂粒
含量的相关程度最低。从上述分析可以看出，在多尺度上黏粒含量的空间分布特征对土壤
粒径分布分形维数空间分布特征的影响最为明显，砂粒含量的空间分布特征对土壤粒径分
布分形维数空间分布特征的影响程度最低，粗粉粒含量的空间分布特征对土壤粒径分布分
形维数空间分布特征的影响程度介于上述两者之间。

　　综合比较分析 0～20cm 土层和 20～40cm 土层土壤粒径分布分形维数分别与土壤颗粒
组成之间的相关性结果可以发现，不同土层土壤粒径分布分形维数与土壤颗粒组成的相关
特征相似，但土壤粒径分布分形维数与土壤颗粒组成在单一尺度和多尺度上的相关特征有
所差异。单一尺度上，0～20cm 土层和 20～40cm 土层土壤粒径分布分形维数均与黏粒含
量、砂粒含量、粗粉粒含量的相关程度呈依次降低趋势。多尺度上，不同土层土壤粒径分

布分形维数与黏粒含量、粗粉粒含量、砂粒含量的相关程度均呈依次降低趋势。这一方面说明不同尺度上不同土层土壤粒径分布分形维数均与黏粒含量相关程度都最为显著，与许多学者的研究结果一致[19-20]；另一方面说明，尺度不同时不同土层土壤粒径分布分形维数与粗粉粒含量和砂粒含量的相关程度都会有所变化，即土壤粒径分布分形维数与粗粉粒含量和砂粒含量的相关程度具有尺度依赖性。

四、不同土层土壤粒径分布分形维数的联合多重分形分析

运用联合多重分形方法分析不同土层土壤粒径分布分形维数在多尺度上的相互关系时，质量概率统计矩的阶的取值范围为 $[-2, 2]$，即 $-2 \leqslant q \leqslant 2$，同时为清晰表示各参数，将 $\alpha^1(q^1, q^2)$ 表示成 α_{D20}，$\alpha^2(q^1, q^2)$ 表示成 α_{D40}，其中 $D20$ 表示 $0 \sim 20\text{cm}$ 土层的土壤粒径分布分形维数，$D40$ 表示 $20 \sim 40\text{cm}$ 土层的土壤粒径分布分形维数。如图 5-8 所示为 $0 \sim 20\text{cm}$ 土层与 $20 \sim 40\text{cm}$ 土层土壤粒径分布分形维数的联合多重分形谱，如图 5-9 所示为不同土层土壤粒径分布分形维数联合多重分形谱的灰度图。

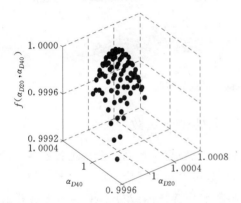 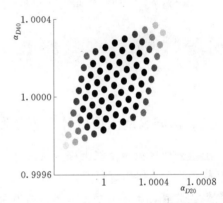

图 5-8　$0 \sim 20\text{cm}$ 土层和 $20 \sim 40\text{cm}$ 土层土壤粒径分布分形维数联合多重分形谱图

图 5-9　$0 \sim 20\text{cm}$ 土层和 $20 \sim 40\text{cm}$ 土层土壤粒径分布分形维数联合多重分形谱的灰度图

由图 5-9 可知，$0 \sim 20\text{cm}$ 土层土壤粒径分布分形维数与 $20 \sim 40\text{cm}$ 土层土壤粒径分布分形维数联合多重分形谱的灰度图沿对角线方向延伸，但分布不是很集中。为进一步量化判定 $0 \sim 20\text{cm}$ 土层土壤粒径分布分形维数与 $20 \sim 40\text{cm}$ 土层土壤粒径分布分形维数在多尺度上的相关程度，求解了 α_{D20} 和 α_{D40} 的相关系数，α_{D20} 和 α_{D40} 的相关系数为 0.582，在 0.01 水平上显著，这说明 $0 \sim 20\text{cm}$ 土层土壤粒径分布分形维数与 $20 \sim 40\text{cm}$ 土层土壤粒径分布分形维数在多尺度上的相关程度比较高，即 $0 \sim 20\text{cm}$ 土层土壤粒径分布分形维数的空间变异性与 $20 \sim 40\text{cm}$ 土层土壤粒径分布分形维数的空间变异性之间的相互关系比较密切。

第三节　土壤粒径分布分形维数的土壤传递函数

一、数据来源

本节采样方案分为 2 种，其中采样方案 1 为本章第一节中的采样方案，该采样面积属于

田间尺度范围。采样方案 2 取样面积属于区域尺度范围，根据土地利用方式的不同，在杨凌地区选择 21 个典型试验测点，如图 5 - 10 所示，在每一测点周围挖一剖面，取 0～20cm 土层和 20～40cm 土层的土样。按本章第一节给出的公式计算土壤粒径分布分形维数。

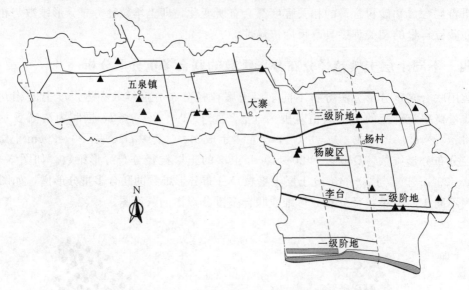

图 5 - 10　采样方案 2 的采样点分布图

二、田间尺度土壤粒径分布分形维数的土壤传递函数

土壤分形维数是反映土壤结构几何形体的参数，黏粒含量越高，分形维数越高，砂粒含量越大，分形维数越低[5]，土壤粒径分布分形维数可以作为评价土壤质地差异的一个指标[21-25]。此外，土壤粒径分布分形维数与表征土壤水分特征曲线分形模型的土壤孔隙大小分形维数之间具有良好的一致性，可以利用相对容易测定的土壤粒径分布分形维数代替难以获得的土壤孔隙大小分形维数，来估算土壤水分特性参数[5-6]。因此，快速准确获得土壤粒径分布分形维数对定量分析较大尺度上的土壤特征，以及估算土壤水分特征曲线等水力特性参数等有重要意义。

本章第二节利用联合多重分形方法对 0～20cm 土层和 20～40cm 土层土壤粒径分布分形维数与土壤颗粒组成在多尺度上的相关性进行了研究。研究发现在多尺度上 0～20cm 土层和 20～40cm 土层土壤粒径分布分形维数均与黏粒含量呈正相关，且相关程度最高。基于本章第二节得出的联合多重分形结论，利用按采样方案 1（采样面积属于田间尺度）获取的试验数据，建立了田间尺度上 0～20cm 土层和 20～40cm 土层土壤粒径分布分形维数与黏粒含量（CL）之间的函数关系：

$$D_{0～20cm}=0.1117\ln CL+2.9229 \quad R=0.9715 \quad\quad\quad (5-2)$$
$$D_{20～40cm}=0.0986\ln CL+2.8943 \quad R=0.9744 \quad\quad\quad (5-3)$$

式（5-2）和式（5-3）即为基于联合多重分形分析得出的结论建立的田间尺度上 0～20cm 土层和 20～40cm 土层土壤粒径分布分形维数的土壤传递函数。0～20cm 土层和 20～40cm 土层土壤粒径分布分形维数土壤传递函数的拟合效果都很好，其中 0～20cm 土层和 20~40cm 土层土壤粒径分布分形维数土壤传递函数的相关系数分别为 0.9715 和 0.9744。如图 5-11 和图 5-12 所示分别给出了田间尺度上 0~20cm 土层和 20~40cm 土层土壤粒径分布分形维数土壤传递函数计算值和实测值之间的关系。土壤传递函数计算的壤粒径分布分形维数与实测值之间的误差大小用均方根误差（RMSE）衡量，RMSE 越小，模型的计算精度越高。

$$RMSE = \sqrt{\frac{1}{n}\sum_{i=1}^{n}(D_{计} - D_{预})^2} \tag{5-4}$$

式中：n 为测点数；$D_{计}$ 为土壤传递函数的计算的土壤粒径分布分形维数；$D_{测}$ 为土壤粒径分布分形维数实测值。

从图 5-11 和图 5-12 可以看出，利用式（5-2）和式（5-3）计算的田间尺度上 0~20cm 土层与 20~40cm 土层土壤粒径分布分形维数非常接近实测值，计算精度很高。其中 0~20cm 土层土壤粒径分布分形维数的土壤传递函数计算值的均方根误差为 0.0134，20~40cm 土层土壤粒径分布分形维数的土壤传递函数计算值的 RMSE 为 0.0117，这表明可利用建立的土壤传递函数估算田间尺度上 0~20cm 土层与 20~40cm 土层的土壤粒径分布分形维数。

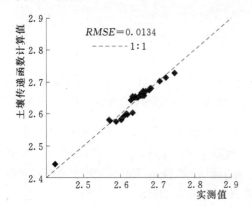 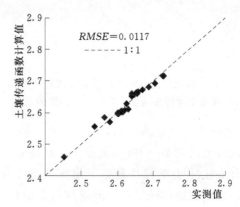

图 5-11　田间尺度 0~20cm 土层土壤粒径分布　　图 5-12　田间尺度 20~40cm 土层土壤粒径分布
分形维数土壤传递函数计算值与实测值的关系　　　分形维数土壤传递函数计算值与实测值的关系

三、区域尺度土壤粒径分布分形维数的土壤传递函数

分形理论可从多尺度上分析研究变量的空间变异性，可将尺度上推和尺度下推[26]。本章第二节不同土层土壤粒径分布分形维数与土壤颗粒组成之间的联合多重分形分析表明，在多尺度上，不同土层土壤粒径分布分形维数均与黏粒含量之间的相关性最为显著。为建立杨凌地区土壤粒径分布分形维数的土壤传递函数，同时验证本章第二节中土壤粒径分布分形维数与土壤颗粒组成之间的联合多重分形分析结果，将本章第二节中利用采样方案 1（采样面积属于田间尺度）获取的相关数据得出的联合多重分形结论进行尺度扩展，应用到区域尺度上，利用采样方案 2（采样面积属于区域尺度）获取的相关数据，建立了区域尺度上 0~20cm 土层和 20~40cm 土层土壤粒径分布分形维数分别与黏粒含量之间的函数关系。

$$D_{0\sim20cm}=0.1177\ln CL+2.9397 \quad R=0.9788 \tag{5-5}$$

$$D_{20\sim40cm}=0.1113\ln CL+2.9295 \quad R=0.9725 \tag{5-6}$$

式（5-5）和式（5-6）即为利用田间尺度上得出的联合多重分形结论建立的区域尺度上 0～20cm 土层和 20～40cm 土层土壤粒径分布分形维数的土壤传递函数，不同土层土壤粒径分布分形维数土壤传递函数的拟合效果很好，其中 0～20cm 土层和 20～40cm 土层土壤传递函数的相关系数分别为 0.9788 和 0.9725。区域尺度上 0～20cm 土层和 20～40cm 土层土壤粒径分布分形维数土壤传递函数计算值与实测值的之间关系分别如图 5-13 和图 5-14 所示。

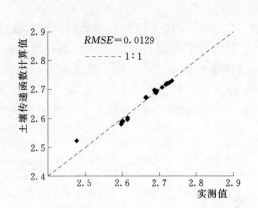
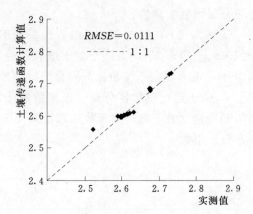

图 5-13　区域尺度 0～20cm 土层土壤粒径分布　　　图 5-14　区域尺度 20～40cm 土层土壤粒径分布
　分形维数土壤传递函数计算值与实测值的关系　　　　分形维数土壤传递函数计算值与实测值的关系

从图 5-13 和图 5-14 可以看出，利用式（5-5）和式（5-6）计算的区域尺度上 0～20cm 土层和 20～40cm 土层土壤粒径分布分形维数大部分落在 1∶1 直线附近，其中 0～20cm 土层土壤粒径分布分形维数的土壤传递函数计算值的 RMSE 为 0.0129，20～40cm 土层土壤粒径分布分形维数的土壤传递函数计算值的 RMSE 为 0.0111。上述分析表明，式（5-5）和式（5-6）的计算精度很高，可利用建立的土壤传递函数估算较大尺度上的土壤粒径分布分形维数。

上述分析表明，可以将田间尺度上联合多重分形分析得出的结论进行尺度扩展，应用到区域尺度上，建立区域尺度上土壤粒径分布分形维数的土壤传递函数，且建立的土壤传递函数具有较强的理论基础和较高的计算精度，这可为构建考虑尺度效应的区域尺度上土壤粒径分布分形维数的土壤传递函数提供参考。

参 考 文 献

[1]　邵明安，王全九，黄明斌．土壤物理学 [M]．北京：高等教育出版社，2006.

[2]　杨培岭，罗远培，石元春．用粒径的重量分布表征的土壤分形特征 [J]．科学通报，1993，38（20）：1896-1899.

[3]　刘云鹏，王国栋，社奇，等．陕西 4 种土壤粒径分布的分形特征研究 [J]．西北农林科技大学学报（自然科学版），2003，31（2）：92-94.

［4］ 贾晓红，李新荣，张景光，等．沙冬青灌丛地的土壤颗粒大小分形维数空间变异性分析［J］．生态学报，2006，26（9）：2827－2833.

［5］ 黄冠华，詹卫华．土壤颗粒的分形特征及其应用［J］．土壤学报，2002，39（4）：490－497.

［6］ 程冬兵，蔡崇法，彭艳平，等．根据土壤粒径分形估计紫色土水分特征曲线［J］．土壤学报，2009，46（1）：30－36.

［7］ 赵文智，刘志民，程国栋．土地沙质荒漠化过程的土壤分形特征［J］．土壤学报，2002，39（6）：877－881.

［8］ 苏永中，赵哈林．科尔沁沙地农田沙漠化演变中土壤颗粒分形特征［J］．生态学报，2004，24（1）：71－74.

［9］ 王国梁，周生路，赵其国．土壤颗粒的体积分形维数及其在土地利用中的应用［J］．土壤学报，2005，42（4）：545－550.

［10］ 胡云锋，刘纪远，庄大方，等．不同土地利用/土地覆盖下土壤粒径分布的分维特征［J］．土壤学报，2005，42（2）：336－339.

［11］ 李进峰，宫渊波，陈林武，等．广元市不同土地利用类型土壤的分形特征［J］．水土保持学报，2007，21（5）：167－182.

［12］ 苏里坦，宋郁东，陶辉．不同风沙土壤颗粒的分形特征［J］．土壤通报，2008，39（2）：244－248.

［13］ 党亚爱，李世清，王国栋，等．黄土高原典型土壤剖面土壤颗粒组成分形特征［J］．农业工程学报，2009，25（9）：74－78.

［14］ 谢贤健，韦方强．泥石流频发区不同盖度草地土壤颗粒的分形特征［J］．水土保持学报，2011，25（4）：202－206.

［15］ 巨莉，文安邦，郭进，等．三峡库区不同土地利用类型土壤颗粒分形特征［J］．水土保持学报，2011，25（5）：234－237.

［16］ 邓良基，林正雨，高雪松，等．成都平原土壤颗粒分形特征及应用［J］．土壤通报，2008，39（1）：38－42.

［17］ 程先富，史学正，王洪杰．红壤丘陵区耕层土壤颗粒分形研究［J］．地理科学，2003，23（5）：617－621.

［18］ 刘永辉，崔德杰．长期定位施肥对潮土分形维数的影响［J］．土壤通报，2005，36（3）：324－327.

［19］ 慈恩，杨林章，程月琴，等．不同耕作年限水稻土土壤颗粒的体积分形特征研究［J］．土壤，2009，41（3）：396－401.

［20］ 管孝艳，杨培岭，任树梅，等．基于多重分形理论的壤土粒径分布非均匀性分析［J］．应用基础与工程科学学报，2009，17（2）：196－205.

［21］ 周先容，陈劲松．川西亚高山针叶林土壤颗粒的分形特征［J］．生态学杂志，2006，25（8）：891－894.

［22］ 王德，傅伯杰，陈利顶，等．不同土地利用类型下土壤粒径分形分析——以黄土丘陵沟壑区为例［J］．生态学报，2007，27（7）：3081－3089.

［23］ 缪驰远，汪亚峰，魏欣，等．黑土表层土壤颗粒的分形特征［J］．应用生态学报，2007，18（9）：1987－1993.

［24］ 曾宪勤，刘和平，路炳军，等．北京山区土壤粒径分布分形维数特征［J］．山地学报，2008，26（1）：65－70.

［25］ 刘云鹏，张社奇，党亚爱，等．陕西合阳黄河湿地土壤颗粒体积分形特征研究［J］．水资源与水工程学报，2009，20（5）：82－85.

［26］ 王军，邱扬．土地质量的空间变异与尺度效应研究进展［J］．地理科学进展，2005，24（4）：28－35.

第六章　土壤水分特征曲线的分形特征
及其应用研究

土壤水分特征曲线反映了土壤水分含量与压力水头之间的函数关系，是模拟土壤水分运动和溶质运移的重要参数。土壤水分特征曲线可利用 Brooks - Corey 模型、Van Genuchten 模型和 Gardner 模型等模型拟合，其中 Van Genuchten 模型的应用比较广泛[1,2]。受各种因素的影响[3-13]，土壤水分特征曲线具有明显的空间变异性[14-24]，因而用 van Genuchten 模型拟合土壤水分特征曲线时，其模型参数也呈现出比较明显的空间变异性。研究分析 van Genuchten 模型参数的空间变异性，能够了解和认识土壤水分的分布状况及土壤水分特性，快速准确地获取土壤水动力学参数，为评估土壤持水能力与释水能力以及分析解决土壤水分和溶质运移等问题提供基础资料和依据[25,26]。

第一节　VG 模型参数的多重分形分析

一、数据来源

试验地位于陕西杨凌的一林地内，林地所栽树种为七叶树、樱花和广玉兰，树龄各为5年、5年和3年。沿一南北方向的横断面，每隔15m设一试验测点，总共设32个试验测点，如图6-1所示，在每一测点的周围挖一剖面，利用环刀分别取0～20cm土层和20～40cm土层的原状土与散土样。

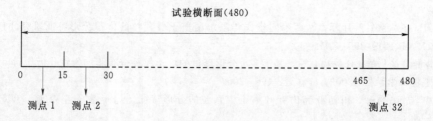

图 6-1　采样点布局图（单位：m）

土壤颗粒组成利用 Mastersizer2000 激光粒度仪测定，土壤容重利用烘干法测定，土壤有机质含量采用稀释热法测定。测定土壤水分特征曲线的方法有张力计法、压力膜法和离心机法等。其中张力计法可测定室内扰动土的土壤水分特征曲线，也可测定田间原状土的土壤水分特征曲线，但只能测定0～800cm吸力范围内的土壤水分特征曲线；压力膜法也可测定扰动土和原状土的土壤水分特征曲线，测定的土壤水分特征曲线的形状与土壤固有的水分特征曲线一致，但测定时间较长，测定过程中土壤容重会发生变化；离心机法同样可测定扰动土和原状土的土壤水分特征曲线，且测定时间较短，测定的土壤水分特征曲线的相对形状与土壤固有的水分特征曲线也一致，比较适合快速较为准确的测定大批样品的土壤水分特征曲线，但离心机法只能测定脱水过程，测定土壤水分特征曲线时，土样容重的变化较大[27-29]。本书利用离心机法测定土壤水吸力为 0.05bar、0.1bar、0.4bar、0.7bar、1bar、3bar、5bar 和 7bar 时各个试验测点土样对应的土壤含水量，每个试验测点重复测 2~3 次。

二、VG 模型参数的变异系数分析

Van Genuchten 模型（简称 VG 模型）的具体形式如式（6-1）[1]，

$$\theta = \theta_r + \frac{\theta_s - \theta_r}{[1 + (\alpha h)^n]^m} \qquad (6-1)$$

式中：h 为土壤吸力，cm；θ 为体积含水量，cm^3/cm^3；θ_r 为滞留含水量，cm^3/cm^3；θ_s 为饱和含水量，cm^3/cm^3；m、n、α 为拟合参数，且 $m = 1 - 1/n$。

如表 6-1 所示给出了单一尺度上 0~20cm 土层和 20~40cm 土层 VG 模型参数的变异系数及其与影响因素之间的相关系数。由表 6-1 可知，0~20cm 和 20~40cm 土层 VG 模型参数 α 的变异系数分别为 0.896 和 1.585，空间变异性较强；0~20cm 和 20~40cm 土层 VG 模型参数 n 的变异系数分别为 0.071 和 0.099，空间变异性较弱；0~20cm 和 20~40cm 土层 VG 模型参数 θ_s 的变异系数分别为 0.070 和 0.108，空间变异性也较弱。

表 6-1　　　不同土层 VG 模型参数的变异系数及其与影响因素的相关系数表

模型参数	0~20cm			20~40cm		
	α	n	θ_s	α	n	θ_s
DB	−0.120	−0.304	−0.308	−0.342	−0.274	−0.231
CL	−0.180	−0.207	0.085	0.150	−0.024	−0.112
SI	−0.696[②]	−0.112	0.297	−0.236	−0.571[②]	0.716[②]
SA	0741[②]	0.579[②]	−0.566[②]	0.104	0.737[②]	−0.698[②]
OM	−0.332	−0.661[②]	0.279	−0.475[②]	−0.603[②]	0.433[①]
CV	0.896	0.071	0.070	1.585	0.099	0.108

注　①和②在 $p < 0.05$ 和 $p < 0.01$ 水平下显著；DB、CL、SI、SA 和 OM 分别为土壤容重、黏粒含量、粗粉粒含量、砂粒含量和有机质含量；CV 为变异系数。

0~20cm 土层和 20~40cm 土层 VG 模型参数 α、n、θ_s 与影响因素之间的相关系数分析表明，0~20cm 土层 VG 模型参数 α 与砂粒含量、粗粉粒含量显著相关，相关系数分别为 0.741、−0.696；VG 模型参数 n 与有机质含量、砂粒含量显著相关，相关系数分别为 −0.661、0.579；VG 模型参数 θ_s 与砂粒含量显著相关，相关系数为 −0.566。20~40cm 土层 VG 模型参数 α 与有机质含量显著相关，相关系数为 −0.475；VG 模型参数 n 与砂粒含量、有机质含量、粗粉粒含量显著相关，相关系数分别为 0.737、−0.603、−0.571；VG 模型参数 θ_s 与粗粉粒含量、砂粒含量、有机质含量显著相关，相关系数分别为 0.716、−0.698、0.433。

0～20cm 土层和 20～40cm 土层 VG 模型参数与影响因素之间的相关性分析结果，说明引起 0～20cm 土层和 20～40cm 土层 VG 模型参数的空间变异性的主要影响因素不完全相同。在单一尺度上，0～20cm 土层 VG 模型参数 α 的空间变异性主要是由砂粒含量和粗粉粒含量的空间变异性造成的，VG 模型参数 n 的空间变异性主要是由有机质含量和砂粒含量的空间变异性造成的，VG 模型参数 θ_s 的空间变异性主要是由砂粒含量的空间变异性造成的；20～40cm 土层有机质含量的空间分布对 VG 模型参数 α 空间分布的影响最为显著，砂粒含量、有机质含量和粗粉粒含量的空间分布对 VG 模型参数 n 空间分布的影响最为显著，粗粉粒含量、砂粒含量和有机质含量的空间分布对 VG 模型参数 θ_s 空间分布的影响最为显著。

三、VG 模型参数的多重分形分析

利用多重分形方法研究分析 0～20cm 土层和 20～40cm 土层 VG 模型参数 α、n 和 θ_s 的空间变异特征时，q 的取值为 -2、-1.5、-1、-0.5、0、0.5、1、1.5 和 2。如图 6-2 和图 6-3 所示分别为 0～20cm 土层和 20～40cm 土层 VG 模型参数的多重分形谱，如表 6-2 所示给出了 0～20cm 土层和 20～40cm 土层 VG 模型参数的 $D(q)$ 值，表 6-3 给出了 0～20cm 土层和 20～40cm 土层 VG 模型参数的多重分形谱宽度。

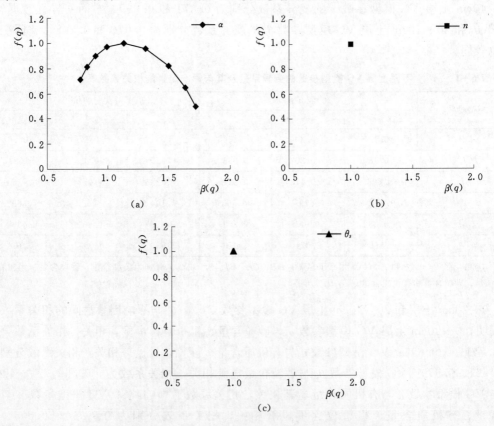

图 6-2 0～20cm 土层 VG 模型参数的多重分形谱图

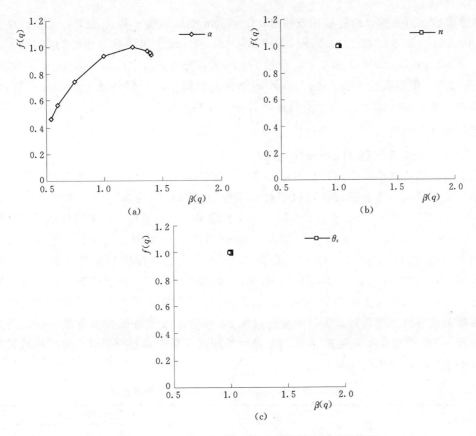

图 6-3　20～40cm 土层 VG 模型参数的多重分形谱图

表 6-2　　　　　　　　　不同土层 VG 模型参数 α、n、θ_s 的 $D(q)$ 值

q	0～20cm			20～40cm		
	α	n	θ_s	α	n	θ_s
-2	1.3132	1.0016	1.0017	1.2543	1.0028	1.0044
-1.5	1.2394	1.0012	1.0012	1.2239	1.0021	1.0032
-1	1.1570	1.0008	1.0009	1.1798	1.0014	1.0022
-0.5	1.0733	1.0004	1.0004	1.1090	1.0007	1.0011
0	1.0000	1.0000	1.0000	1.0000	1.0000	1.0000
0.5	0.9436	0.9996	0.9996	0.8656	0.9992	0.9990
1	0.9007	0.9991	0.9991	0.7455	0.9985	0.9980
1.5	0.8652	0.9986	0.9988	0.6640	0.9978	0.9970
2	0.8332	0.9982	0.9983	0.6149	0.9970	0.9960

（一）VG 模型参数的 $D(q)$—q 曲线

根据多重分形原理可知，当 $q \geqslant 0$ 时，若随 q 的增大，研究对象的 $D(q)$ 减小趋势比较明显，则可判定研究对象的多重分形特征比较明显[30,31]。从表 6-2 可以看出，0～20cm 土层 VG 模型参数 α 的 D_0、D_1 和 D_2 分别为 1、0.9007 和 0.8332，20～40cm 土层 VG 模型参数 α 的 D_0、D_1 和 D_2 分别为 1、0.7455 和 0.6149，根据多重分形原理可知，

VG 模型参数 α 的多重分形特征比较明显；0～20cm 土层参数 n 和 θ_s 的 D_0、D_1、D_2 分别为 1、0.9991、0.9982 和 1、0.9991、0.9983，20～40cm 土层参数 n 和 θ_s 的 D_0、D_1、D_2 分别为 1、0.9985、0.9970 和 1、0.9980、0.9960，随 q 的增加，0～20cm 土层和 20～40cm 土层 VG 模型参数 n 和 θ_s 的 $D(q)$ 减小程度都很小，根据多重分形原理可知，VG 模型参数 n 和 θ_s 的多重分形特征不明显，其中 VG 模型参数 θ_s 的多重分形特征不明显与 Zeleke and Si[24] 的研究结果一致。

（二）VG 模型参数的 $f(q)$—$\alpha(q)$ 曲线

研究对象的广义维数 $D(q)$ 只可以在整体上描述和反映研究对象的多重分形特征，通过分析研究对象的多重分形谱，可以了解和掌握研究对象的局部特征或细节变化[32]。从表 6-3 可以看出，0～20cm 土层和 20～40cm 土层 VG 模型参数 α 的多重分形谱宽度依次为 0.9519 和 0.8707；0～20cm 土层和 20～40cm 土层 VG 模型参数 n 的多重分形谱宽度分别为 0.0066 和 0.0113；0～20cm 土层和 20～40cm 土层 VG 模型参数 θ_s 的多重分形谱宽度依次为 0.0068 和 0.0171；其中 0～20cm 土层和 20～40cm 土层参数 α 的多重分形谱宽度都较大，0～20cm 土层和 20～40cm 土层 VG 模型参数 n 和 θ_s 的多重分形谱宽度都较小。根据多重分形原理可知，0～20cm 土层和 20～40cm 土层 VG 模型参数 α 的空间变异性都较强，VG 模型参数 n 和 θ_s 的空间变异性都较弱，基于多重分形分析得出的结果与上文中变异系数分析得出的结果一致。

表 6-3 不同土层 VG 模型参数 α、n、θ_s 的多重分形谱宽度表

模型参数	0～20cm 土层			20～40cm 土层		
	α	n	θ_s	α	n	θ_s
$\Delta\beta$	0.9519	0.0066	0.0068	0.8707	0.0113	0.0171

注 本章节分析中为使奇异指数 $\alpha(q)$ 与 VG 模型中的参数 α 的表示符号有所区别，多重分形理论中的奇异指数 $\alpha(q)$ 用 $\beta(q)$ 表示；$\Delta\beta$ 为多重分形谱宽度。

此外，由图 6-2 和图 6-3 可以看出，0～20cm 土层 VG 模型参数 α 的多重分形谱右偏趋势比较明显，根据多重分形原理可知，0～20cm 土层 VG 模型参数 α 的空间变异性由参数 α 的低值分布造成；20～40cm 土层 VG 模型参数 α 的多重分形谱左偏趋势比较明显，根据多重分形原理可知，20～40cm 土层 VG 模型参数 α 的空间变异性由参数 α 的高值分布造成。

第二节　VG 模型参数与影响因素的联合多重分形分析

利用联合多重分形方法分析 0～20cm 土层和 20～40cm 土层 VG 模型参数与影响因素在多尺度上的相关性时，由于 VG 模型参数 α 中存在极端值，导致求解有关联合多重分形参数时，相关公式的拟合精度偏低。为提高相关公式的拟合精度，0～20cm 土层和 20～40cm 土层 VG 模型参数 α 采用平方根转换处理后的数据，0～20cm 土层和 20～40cm 土层 VG 模型参数 n 采用原始数据。此外，相关参数质量概率统计矩的阶的取值范围为 [−2，2]，为使 $\alpha^1(q^1, q^2)$ 和 $\alpha^2(q^1, q^2)$ 与 VG 模型中参数 α 的表示符号有所区别，将 $\alpha^1(q^1, q^2)$ 和 $\alpha^2(q^1, q^2)$ 分别表示成 $\beta^1(q^1, q^2)$ 和 $\beta^2(q^1, q^2)$，同时为清晰表示各联合多重分形参数，$\beta^1(q^1, q^2)$ 表示成 β_{Db}、β_{SA}、β_{CL}、β_{SI} 和 β_{OM}，$\beta^2(q^1, q^2)$ 表示成 β_α 或 β_n。

一、数据来源

本节利用联合多重分形方法分析 0～20cm 土层和 20～40cm 土层 VG 模型参数与影响因素在多尺度上的相互关系时，所用数据与本章第一节所用数据一致。

二、0～20cm 土层 VG 模型参数与影响因素的联合多重分形分析

（一）VG 模型参数 α 与影响因素的联合多重分形分析

如图 6-4 所示为 0～20cm 土层 VG 模型参数 α 与粗粉粒含量、土壤容重、砂粒含量、

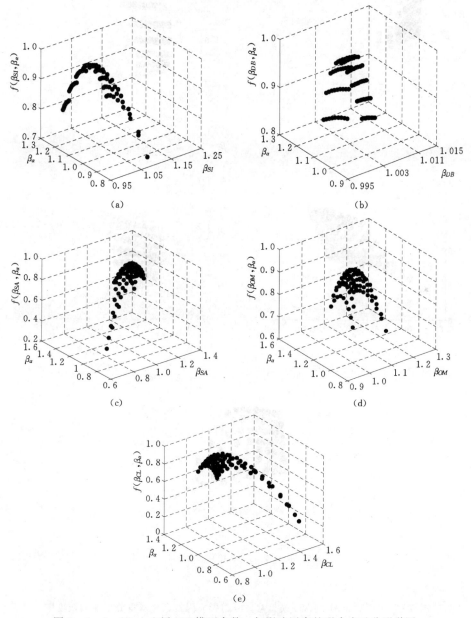

图 6-4　0～20cm 土层 VG 模型参数 α 与影响因素的联合多重分形谱图

有机质含量、黏粒含量的联合多重分形谱。如图 6-5 所示为 0～20cm 土层 VG 模型参数 α 与粗粉粒含量、土壤容重、砂粒含量、有机质含量、黏粒含量联合多重分形谱的灰度图。

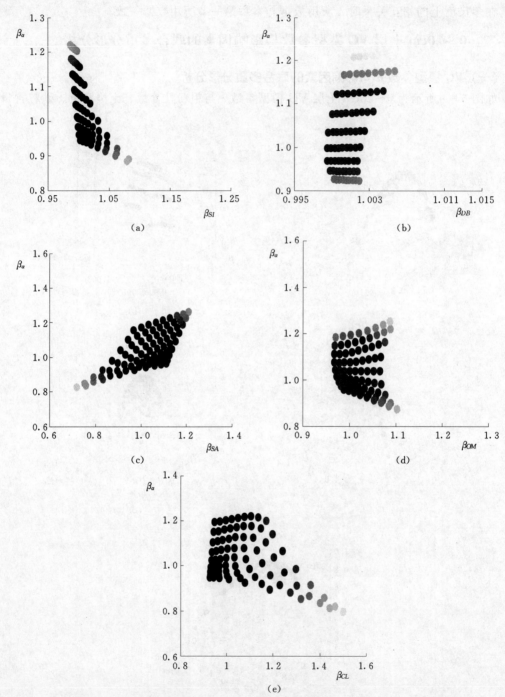

图 6-5 0～20cm 土层 VG 模型参数 α 与影响因素联合多重分形谱的灰度图

表 6 - 4　　　　0～20cm 土层 VG 模型参数 α 与影响因素联合奇异指数的相关性表

模型参数	β_{SA}	β_{SI}	β_{CL}	β_{DB}	β_{OM}
β_α	0.765	-0.754	-0.518	0.660	-0.001

由图 6 - 4 可知，0～20cm 土层 VG 模型参数 α 与粗粉粒含量、土壤容重、砂粒含量、有机质含量、黏粒含量联合多重分形谱之间的差异比较明显。由图 6 - 5 可知，0～20cm 土层 VG 模型参数 α 与砂粒含量、粗粉粒含量的联合多重分形谱的灰度图相对比较集中且沿对角线方向延伸的趋势最为明显，这说明在多尺度上 0～20cm 土层 VG 模型参数 α 与砂粒含量、粗粉粒含量之间的相关性最显著。

为进一步量化分析 0～20cm 土层参数 α 与影响因素在多尺度上的相关性，求解了联合奇异指数 β_α 分别与联合奇异指数 β_{SA}、β_{SI}、β_{CL}、β_{DB}、β_{OM} 之间的相关系数，分析表 6 - 4 可知，0～20cm 土层联合奇异指数 β_α 与联合奇异指数 β_{SA}、β_{SI} 之间的相关性最显著，相关系数依次为 0.765、-0.754，这进一步说明在多尺度上 0～20cm 土层 VG 模型参数 α 与砂粒含量、粗粉粒含量之间的相关性最显著。也就是说，多尺度上，砂粒含量、粗粉粒含量的空间分布特征对 VG 模型参数 α 空间分布特征的影响程度最为显著。

（二）VG 模型参数 n 与影响因素的联合多重分形分析

0～20cm 土层 VG 模型参数 n 与土壤容重、砂粒含量、有机质含量、黏粒含量、粗粉粒含量的联合多重分形谱如图 6 - 6 所示。0～20cm 土层 VG 模型参数 n 与土壤容重、砂粒含量、有机质含量、黏粒含量、粗粉粒含量联合多重分形谱的灰度图如图 6 - 7 所示。

从图 6 - 6 可以看出，0～20cm 土层 VG 模型参数 n 与土壤容重、砂粒含量、有机质含量、黏粒含量、粗粉粒含量联合多重分形谱之间的差异比较明显。从图 6 - 7 可以看出，0～20cm 土层 VG 模型参数 n 与砂粒含量、有机质含量和黏粒含量的联合多重分形谱的灰度图相对比较集中且沿对角线方向延伸的趋势最明显。由联合多重分形原理可知，这说明在多尺度上 0～20cm 土层 VG 模型参数 n 与砂粒含量、有机质含量和粘粒含量之间的相关性最显著。

同样为进一步量化分析 0～20cm 土层 VG 模型参数 n 与砂粒含量、粗粉粒含量、黏粒含量、土壤容重、有机质含量在多尺度上的相关性，求解了联合奇异指数 β_n 分别与联合奇异指数 β_{SA}、β_{SI}、β_{CL}、β_{DB}、β_{OM} 的相关系数，计算结果如表 6 - 5 所示。分析表 6 - 5 可知，联合奇异指数 β_n 与联合奇异指数 β_{SA}、β_{OM} 和 β_{CL} 之间的相关性最显著，相关系数依次为 0.992、-0.979 和 -0.961，这进一步说明在多尺度上 0～20cm 土层 VG 模型参数 n 与砂粒含量、有机质含量、黏粒含量之间的相关性最显著。也就是说，多尺度上，0～20cm 土层 VG 模型参数 n 的空间变异性主要由砂粒含量、有机质含量和黏粒含量的空间变异性造成。

表 6 - 5　　　　0～20cm 土层 VG 模型参数 n 与影响因素联合奇异指数的相关性

模型参数	β_{SA}	β_{SI}	β_{CL}	β_{DB}	β_{OM}
β_n	0.992	-0.587	-0.961	-0.550	-0.979

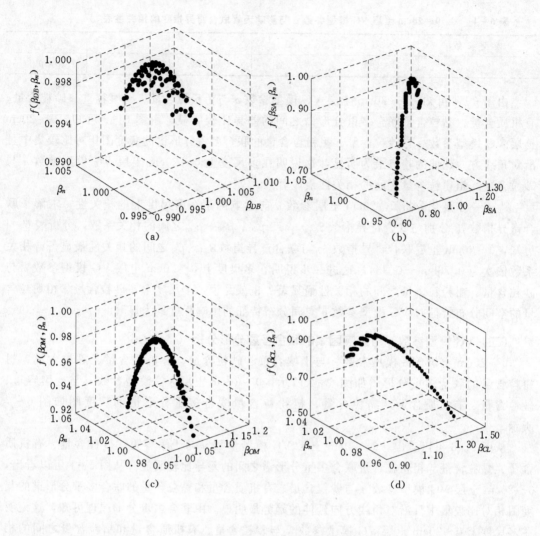

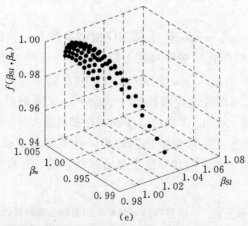

图 6 - 6　0~20cm 土层 VG 模型参数 n 与影响因素的联合多重分形谱图

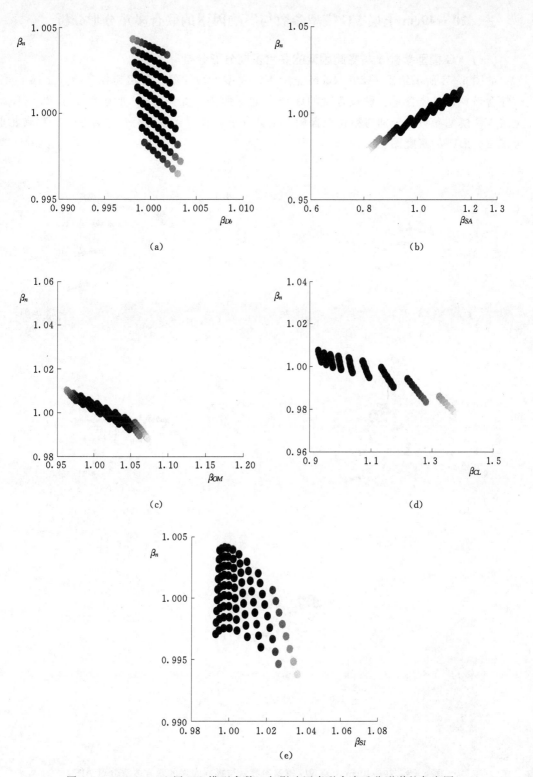

图 6 - 7　0～20cm 土层 VG 模型参数 n 与影响因素联合多重分形谱的灰度图

三、20～40cm 土层 VG 模型参数与影响因素的联合多重分形分析

（一）VG 模型参数 α 与影响因素的联合多重分形分析

如图 6-8 所示给出了 20～40cm 土层 VG 模型参数 α 分别与粗粉粒含量、土壤容重、砂粒含量、有机质含量、黏粒含量的联合多重分形谱。如图 6-9 所示给出了 20～40cm 土层 VG 模型参数 α 分别与粗粉粒含量、土壤容重、砂粒含量、有机质含量、黏粒含量联合多重分形谱的灰度图。

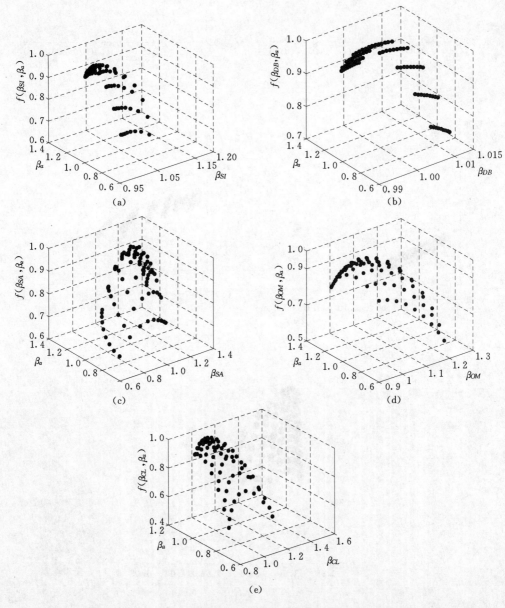

图 6-8　20～40cm 土层 VG 模型参数 α 与影响因素的联合多重分形谱图

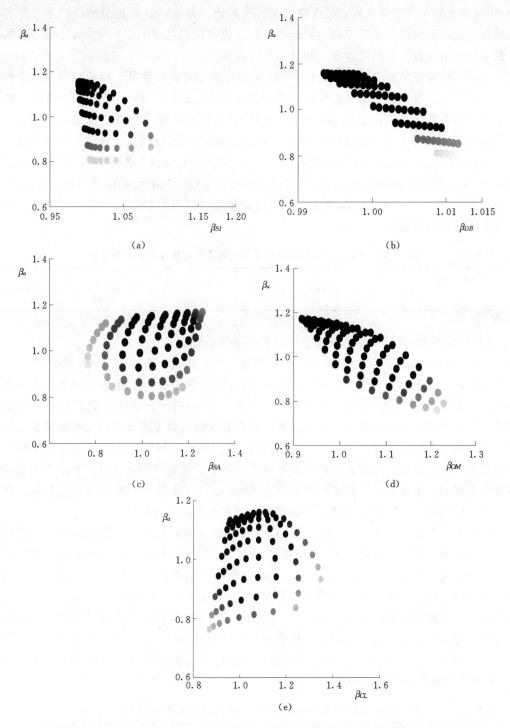

图 6-9　20～40cm 土层 VG 模型参数 α 与影响因素联合多重分形谱的灰度图

　　分析图 6-8 可知，20～40cm 土层 VG 模型参数 α 与粗粉粒含量、土壤容重、砂粒含量、有机质含量、黏粒含量的联合多重分形谱之间的差异比较明显。分析图 6-9 可知，

20~40cm 土层 VG 模型参数 α 与土壤容重、有机质含量的联合多重分形谱的灰度图相对比较集中且沿对角线方向延伸的趋势最明显。这说明在多尺度上 20~40cm 土层 VG 模型参数 α 与土壤容重、有机质含量之间的相关性最显著。

为进一步量化分析 20~40cm 土层 VG 模型参数 α 与砂粒含量、粗粉粒含量、黏粒含量、土壤容重、有机质含量在多尺度上的相关性，计算了 20~40cm 土层联合奇异指数 β_α 分别与联合奇异指数 β_{SA}、β_{SI}、β_{CL}、β_{DB}、β_{OM} 之间的相关系数，如表 6-6 所示给出了具体的计算结果。从表 6-6 可以看出，20~40cm 土层联合奇异指数 β_α 与联合奇异指数 β_{Db}、β_{OM} 之间的相关性最显著，相关系数依次为 -0.953、-0.842，这进一步说明在多尺度上 20~40cm 土层 VG 模型参数 α 与土壤容重、有机质含量之间的相关性最显著。也就是说，多尺度上，20~40cm 土层土壤容重、有机质含量的空间分布特征对 VG 模型参数 α 的空间分布特征影响最显著。

表 6-6   20~40cm 土层 VG 模型参数 α 与影响因素联合奇异指数的相关性

模型参数	β_{SA}	β_{SI}	β_{CL}	β_{DB}	β_{OM}
β_α	0.289	-0.505	0.130	-0.953	-0.842

（二）VG 模型参数 n 与影响因素的联合多重分形分析

20~40cm 土层 VG 模型参数 n 与土壤容重、砂粒含量、有机质含量、黏粒含量、粗粉粒含量的联合多重分形谱如图 6-10 所示，VG 模型参数 n 与上述影响因素联合多重分形谱的灰度图如图 6-11 所示。由图 6-10 可知，20~40cm 土层 VG 模型参数 n 与土壤容重、砂粒含量、有机质含量、黏粒含量、粗粉粒含量联合多重分形谱之间的差异比较明显。从图 6-11 可以看出，20~40cm 土层 VG 模型参数 n 与砂粒含量、有机质含量、粗粉粒含量、黏粒含量、土壤容重联合多重分形谱灰度图的集中程度且沿对角线方向延伸的趋势依次减弱。也就是说，在多尺度上 20~40cm 土层 VG 模型参数 n 与砂粒含量、有机质含量、粗粉粒含量、黏粒含量、土壤容重之间的相关性依次降低。

为进一步量化分析 20~40cm 土层 VG 模型参数 n 与砂粒含量、粗粉粒含量、黏粒含量、土壤容重、有机质含量在多尺度上的相关性，计算了 20~40cm 土层联合奇异指数 β_n 分别与联合奇异指数 β_{SA}、β_{SI}、β_{CL}、β_{DB}、β_{OM} 之间的相关系数，计算结果如表 6-7 所示。由表 6-7 可知，20~40cm 土层联合奇异指数 β_n 与联合奇异指数 β_{SA}、β_{OM}、β_{SI} 之间的相关性最显著，相关系数依次为 0.997、-0.974、-0.931，这进一步说明多尺度上 VG 模型参数 n 与砂粒含量、有机质含量、粗粉粒含量之间的相关性最显著。也就是说，多尺度上，20~40cm 土层砂粒含量、有机质含量、粗粉粒含量的空间分布特征对 VG 模型参数 n 的空间分布特征影响程度最显著。

表 6-7   20~40cm 土层 VG 模型参数 n 与影响因素联合奇异指数的相关性表

模型参数	β_{SA}	β_{SI}	β_{CL}	β_{DB}	β_{OM}
β_n	0.997	-0.931	-0.863	-0.443	-0.974

通过比较分析 0~20cm 土层和 20~40cm 土层 VG 模型参数与影响因素之间的相关性

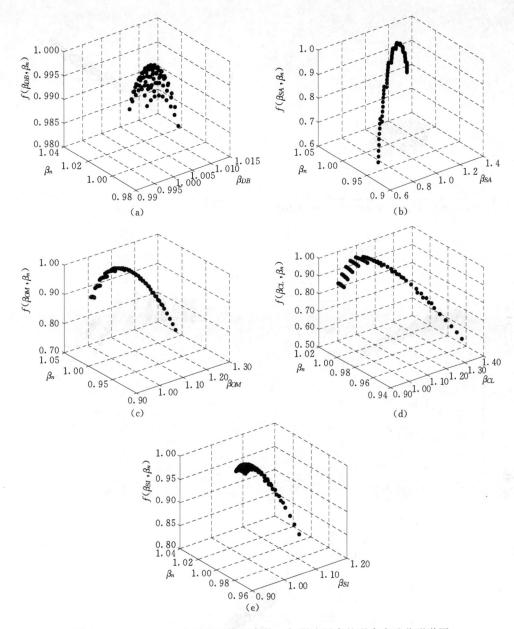

图 6 - 10 20~40cm 土层 VG 模型参数 n 与影响因素的联合多重分形谱图

可以发现，0~20cm 土层和 20~40cm 土层 VG 模型参数与影响因素之间的相关性不完全相同，这说明引起 0~20cm 土层和 20~40cm 土层 VG 模型参数空间变异性的主要影响因素有所差异；VG 模型参数与影响因素之间的相关性，在单一尺度和多尺度上不完全相同，这说明由于土壤特性的空间变异性具有尺度效应，单一尺度上的相关性分析不一定能够完整地揭示出 VG 模型参数与影响因素之间的相关性特征。因此，在相关研究中，为深入揭示造成 VG 模型参数空间变异性的因素，应结合实际分层研究 VG 模型参数与影响因素在多尺度上的相关性。

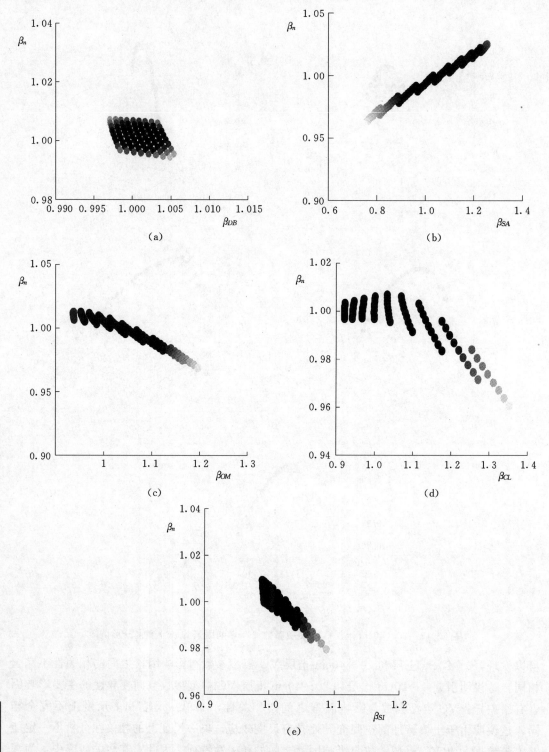

图 6-11　20～40cm 土层 VG 模型参数 n 与影响因素联合
多重分形谱的灰度图

四、不同土层 VG 模型参数的联合多重分形分析

利用联合多重分形方法分析 0～20cm 土层和 20～40cm 土层 VG 模型参数在多尺度上的相关性时，相关参数质量概率统计矩的阶的取值范围同样为 [−2，2]。为清晰表示各参数，β^1（q^1，q^2）分别记为 β_{a20}、$\beta_{\theta s20}$、β_{n20}，β^2（q^1，q^2）分别记为 β_{a40}、$\beta_{\theta s40}$、β_{n40}。其中 $\alpha20$、θ_s20、$n20$ 分别表示 0～20cm 土层的 VG 模型参数 α、θ_s、n；$\alpha40$、θ_s40、$n40$ 分别表示 20～40cm 土层的 VG 模型参数 α、θ_s、n。如图 6 − 12 所示为 0～20cm 土层 VG 模型参数 α、θ_s、n 分别与 20～40cm 土层对应变量的联合多重分形谱，如图 6 − 13 所示为上述各联合多重分形谱的灰度图。

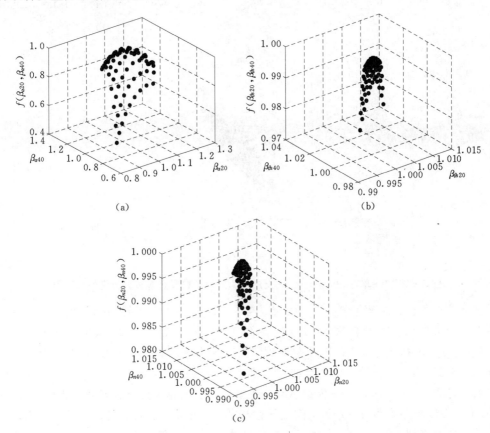

图 6 − 12　0～20cm 土层和 20～40cm 土层 VG 模型参数的联合多重分形谱图

由图 6 − 13 可知，0～20cm 土层 VG 模型参数 n、θ_s 与 20～40cm 土层对应变量联合多重分形谱的灰度图都比较集中且沿对角线方向延伸的趋势非常明显，相比而言，0～20cm 土层 VG 模型参数 α 与 20～40cm 土层参数 α 联合多重分形谱的灰度图比较分散，沿对角线方向延伸的趋势也有所降低。这说明 0～20cm 土层 VG 模型参数 n、θ_s 与 20～40cm 土层对应变量在多尺度上的相关程度非常高，相比而言，0～20cm 土层 VG 模型参数 α 与 20～40cm 土层参数 α 在多尺度上的相关程度有所降低。

为进一步量化分析 0～20cm 土层 VG 模型参数 α、θ_s、n 与 20～40cm 土层对应变量在

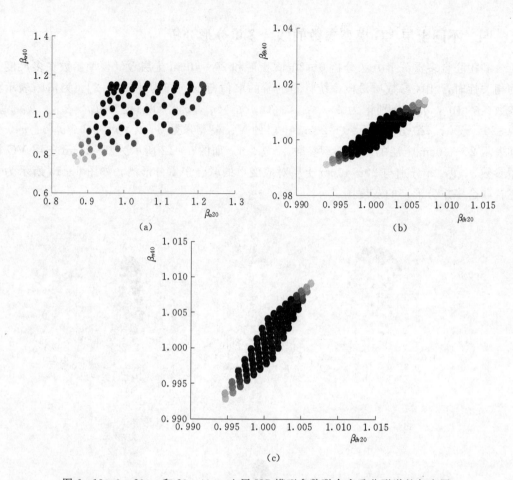

图 6-13　0～20cm 和 20～40cm 土层 VG 模型参数联合多重分形谱的灰度图

多尺度上的相关性，求解了 β_{a20} 与 β_{a40}、$\beta_{\theta s20}$ 与 $\beta_{\theta s40}$、β_{n20} 与 β_{n40} 之间的相关系数，计算结果表明上述三者的相关系数依次为 0.623、0.940、0.937，都在 0.01 水平上显著，相比而言，$\beta_{\theta s20}$ 与 $\beta_{\theta s40}$、β_{n20} 与 β_{n40} 之间的相关系数偏大，这进一步说明 0～20cm 土层 VG 模型参数 n、θ_s 与 20～40cm 土层对应变量在多尺度上的相关性非常显著，0～20cm 土层 VG 模型参数 α 与 20～40cm 土层 VG 模型参数 α 在多尺度上的相关性比较显著。也就是说，0～20cm 土层 VG 模型参数 n、θ_s 的空间变异性与 20～40cm 土层对应变量空间变异性之间的相互关系非常密切，0～20cm 土层 VG 模型参数 α 的空间变异性与 20～40cm 土层 VG 模型参数 α 空间变异性之间的相互关系比较密切。

第三节　基于联合多重分形 VG 模型参数的土壤传递函数

一、数据来源

本节采样方案分为 2 种。其中采样方案 1 为本章第一节中的采样方案，该采样面积属于田间尺度范围。采样方案 2 的取样面积属于区域尺度范围，根据土地利用方式的不同，在杨凌地区范围内选择 21 个典型试验测点，如图 6-14 所示。在每一测点周围挖一剖面，利用环刀取 0～20cm 土层和 20～40cm 土层的原状土与散土土样，土壤颗粒组成、土壤容重、有机质含量的测定方法与本章第一节中的测定方法相同。

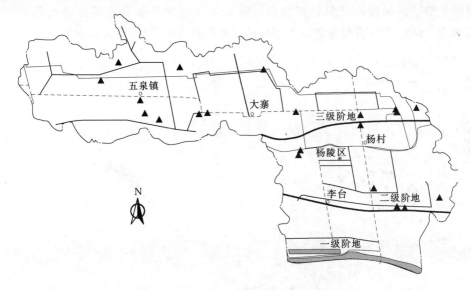

图 6-14　采样方案 2 的采样点分布图

二、田间尺度 VG 模型参数的土壤传递函数

本章第二节 VG 模型参数与影响因素的联合多重分形分析表明，在多尺度上，0～20cm 土层 VG 模型参数 α 与砂粒含量、粗粉粒含量的相关程度最高，VG 模型参数 n 与砂粒含量、有机质含量、黏粒含量的相关程度最高；20～40cm 土层 VG 模型参数 α 与土壤容重、有机质含量的相关程度最高，VG 模型参数 n 与砂粒含量、有机质含量、粗粉粒含量的相关程度最高。基于本章第二节得出的联合多重分形结论，利用按采样方案 1（采样面积属于田间尺度）获取的试验数据，建立了田间尺度上 0～20cm 土层和 20～40cm 土层 VG 模型参数 α、n 的土壤传递函数，其中不同土层 VG 模型参数 α 采用平方根处理后的数据，VG 模型参数 n 采用原始数据。

（一）0～20cm 土层 VG 模型参数的土壤传递函数

1. 土壤传递函数的建立

$$\alpha_{0\sim20cm} = -5.874 + 19.309SI + 29.871SA - 14.555SI^2 \tag{6-2}$$
$$-22.260SA^2 - 51.632SI \times SA \qquad R = 0.7358$$

$$n_{0\sim20cm} = 1.149 - 14.446OM + 5.015CL + 0.593SA \tag{6-3}$$
$$-22.279CL^2 - 3.936CL \times SA \qquad R = 0.8325$$

式（6-2）和式（6-3）即为利用联合多重分形分析结论建立的田间尺度上只包含最显著影响因素的 0～20cm 土层 VG 模型参数 α、n 的土壤传递函数。VG 模型参数 α、n 的土壤传递函数的拟合效果较好，其中 0～20cm 土层 VG 模型参数 α、n 土壤传递函数方程的相关系数分别为 0.7358、0.8325。

如图 6-15 和图 6-16 所示分别为土壤传递函数计算的田间尺度上 0～20cm 土层 VG 模型参数 α、n 与实测值之间的关系图。由图 6-15 和图 6-16 可知，利用式（6-2）和式（6-3）计算的田间尺度上 0～20cm 土层 VG 模型参数 α、n 大部分落在 1∶1 直线附近，说明土壤传递函数的计算精度较高，其中 VG 模型参数 α 土壤传递函数计算值的 *RMSE* 为 0.1044，VG 模型参数 n 土壤传递函数计算值的 *RMSE* 为 0.0486。

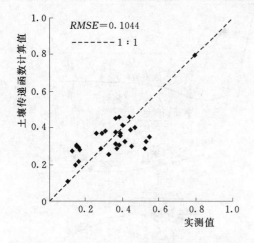

图 6-15　田间尺度 0～20cm 土层参数 α 土壤传递函数计算值与实测值的平方根之间的关系图　　图 6-16　田间尺度 0～20cm 土层参数 n 土壤传递函数计算值与实测值的关系图

2. 土壤传递函数的验证

为进一步验证田间尺度上 0～20cm 土层 VG 模型参数土壤传递函数的精度，将根据式（6-2）和式（6-3）计算的 VG 模型参数 α、n 代入式（6-1），利用 VG 模型计算不同土壤水吸力下的土壤含水量，然后与试验测得的土壤含水量进行比较，其中滞留含水量（θ_r）和饱和含水量（θ_s）采用实测值。

如图 6-17 所示给出了田间尺度上基于 0～20cm 土层 VG 模型参数 α、n 的土壤传递函数计算的土壤含水量与实测值之间的关系。由图 6-17 可知，基于 0～20cm 土层 VG 模型参数 α、n 土壤传递函数计算的土壤含水量大部分落在 1∶1 直线附近，与实测值比较接近。土壤含水量计算值的 *RMSE* 为 0.0386，计算精度较高，这进一步说明田间尺度上 0～20cm 土层 VG 模型参数 α、n 土壤传递函数的计算精度较

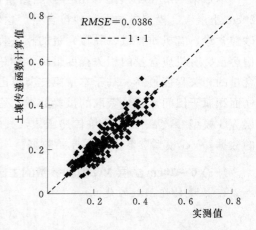

图 6-17　田间尺度 0～20cm 土层土壤传递函数计算的土壤含水量与实测值的关系

高。而且基于联合多重分形分析得出的结论建立的 VG 模型参数的土壤传递函数具有较强的理论基础，可利用建立的土壤传递函数估算田间尺度上 0～20cm 土层 VG 模型参数 α、n。

（二）20～40cm 土层 VG 模型参数的土壤传递函数

1. 土壤传递函数的建立

$$\alpha_{20\sim40cm} = -2.529 + 4.759DB - 156.764OM - 1.812DB^2 \qquad (6-4)$$
$$+ 1103.981OM^2 + 73.869Db \times OM \qquad R = 0.6403$$

$$n_{20\sim40cm} = 8.049 - 10.695OM - 29.118SI - 6.562SA + 30.775SI^2 \qquad (6-5)$$
$$+ 17.340SI \times SA \qquad R = 0.8869$$

式（6-4）和式（6-5）即为利用联合多重分形分析得出的结论建立的田间尺度上只包含最显著影响因素的 20～40cm 土层 VG 模型参数 α、n 的土壤传递函数，VG 模型参数 α、n 的土壤传递函数的拟合效果较好。其中 VG 模型参数 α 土壤传递函数方程的相关系数为 0.6403，VG 模型参数 n 土壤传递函数方程的相关系数为 0.8869。如图 6-18 和图 6-19 所示分别为田间尺度上 VG 模型参数土壤传递函数计算的 20～40cm 土层 VG 模型参数 α、n 与实测值之间的关系图。

由图 6-18 和图 6-19 可知，利用式（6-4）和式（6-5）计算的 20～40cm 土层 VG 模型参数 α、n 大部分落在 1：1 直线附近，表明土壤传递函数的计算精度较高。其中 VG 模型参数 α 土壤传递函数计算值的 $RMSE$ 为 0.1071，VG 模型参数 n 土壤传递函数计算值的 $RMSE$ 为 0.0574。

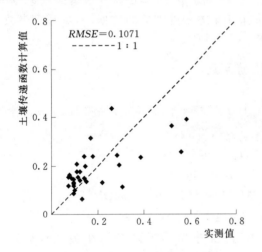

图 6-18　田间尺度 20～40cm 土层参数 α 土壤　　　图 6-19　田间尺度 20～40cm 土层参数 n
传递函数计算值与实测值的平方根之间的关系图　　　土壤传递函数计算值与实测值的关系图

2. 土壤传递函数的验证

为进一步验证田间尺度上 20～40cm 土层 VG 模型参数土壤传递函数的精度，将根据式（6-4）和式（6-5）计算的参数 α、n 代入式（6-1），利用 VG 模型计算不同土壤水吸力下的土壤含水量，然后与试验测得的土壤含水量进行比较，其中滞留含水量（θ_r）和饱和含水量（θ_s）采用实测值。

田间尺度上基于 20～40cm 土层 VG 模型参数 α、n 的土壤传递函数计算的土壤含水量与实测值之间的关系如图 6-20 所示。由图 6-20 可知，基于 20～40cm 土层 VG 模型

参数 α、n 土壤传递函数计算的土壤含水量大部分落在 1∶1 直线附近,与实测值比较接近,土壤含水量计算值的 RMSE 为 0.0473,计算精度较高。这进一步说明田间尺度上 20～40cm 土层 VG 模型参数 α、n 土壤传递函数的计算精度较高,且具有较强的理论基础,可用于估算田间尺度上 20～40cm 土层 VG 模型参数 α、n。

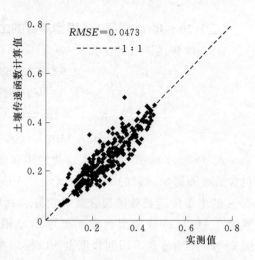

图 6-20 田间尺度 20～40cm 土层土壤传递函数计算的土壤含水量与实测值的关系图

三、区域尺度 VG 模型参数的土壤传递函数

为建立杨凌地区不同土层 VG 模型参数的土壤传递函数,同时验证本章第二节中 VG 模型参数与影响因素的联合多重分形结论,将本章第二节以采样方案 1(采样面积属于田间尺度)获取的相关数据为例得出的联合多重分形结论进行尺度扩展,应用到区域尺度上。利用采样方案 2(采样面积属于区域尺度)获取的相关数据,利用 DPS 软件进行二次多项式逐步回归分析,建立了区域尺度上 0～20cm 土层和 20～40cm 土层 VG 模型参数 α、n 的土壤传递函数。其中不同土层 VG 模型参数 α 采用平方根处理后的数据,VG 模型参数 n 采用原始数据。

(一)0～20cm 土层 VG 模型参数的土壤传递函数

1. 土壤传递函数的建立

式(6-6)和式(6-7)分别为区域尺度上 0～20cm 土层 VG 模型参数 α、n 的土壤传递函数。

$$\alpha_{0\sim20cm}=-21.659+94.794SI-100.437SI^2+11.864SA^2 \qquad (6-6)$$
$$-11.180SI\times SA \qquad R=0.5392$$

$$n_{0\sim20cm}=0.769+34.081OM+1.915CL-976.992OM^2 \qquad (6-7)$$
$$-8.353CL^2+4.629SA^2 \qquad R=0.9630$$

区域尺度上 0～20cm 土层 VG 模型参数 α、n 土壤传递函数的相关系数分别为 0.5392、0.9630。如图 6-21 和图 6-22 所示分别给出了区域尺度上 0～20cm 土层 VG 模型参数 α、n 土壤传递函数计算值与实测值之间的关系。

从图 6-21 和图 6-22 可以看出,利用式(6-6)和式(6-7)计算的区域尺度上 0～20cm 土层 VG 模型参数 α、n 大部分落在 1∶1 直线附近,计算精度较高。其中 VG 模型参数 α 土壤传递函数计算值的 RMSE 为 0.0708,VG 模型参数 n 土壤传递函数计算值的 RMSE 为 0.0209。

2. 土壤传递函数的验证

为进一步验证区域尺度上 0～20cm 土层 VG 模型参数 α、n 土壤传递函数的精度,将根据式(6-6)和式(6-7)计算的 VG 模型参数 α、n 代入式(6-1),利用 VG 模型计

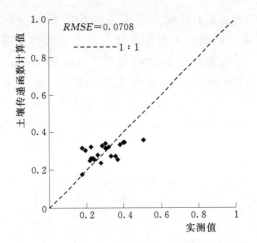

图 6-21　区域尺度 0~20cm 土层参数 α 土壤传递函数计算值与实测值的平方根之间的关系图

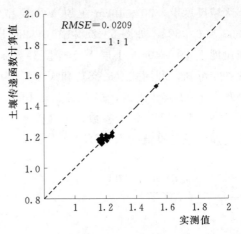

图 6-22　区域尺度 0~20cm 土层参数 n 土壤传递函数计算值与实测值的关系图

算不同土壤水吸力下的土壤含水量，然后与试验测得的土壤含水量进行比较，其中滞留含水量（θ_r）和饱和含水量（θ_s）采用实测值。

区域尺度上基于 0~20cm 土层 VG 模型参数 α、n 的土壤传递函数计算的土壤含水量与实测值之间的关系如图 6-23 所示。由图 6-23 可知，基于 0~20cm 土层 VG 模型参数 α、n 土壤传递函数计算的土壤含水量大部分落在1∶1直线附近，与实测值比较接近，土壤含水量计算值的 RMSE 为 0.0270，计算精度较高。这进一步说明区域尺度上 0~20cm 土层 VG 模型参数 α、n 土壤传递函数的计算精度较高，且建立的土壤传递函数具有较强

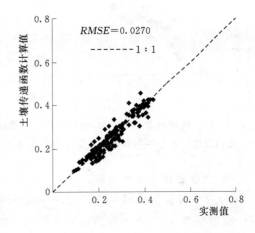

图 6-23　区域尺度 0~20cm 土层土壤传递函数计算的土壤含水量与实测值的关系图

的理论基础，可利用建立的土壤传递函数估算较大尺度上 0~20cm 土层 VG 模型参数 α、n。

（二）20~40cm 土层 VG 模型参数的土壤传递函数

1. 土壤传递函数的建立

区域尺度上 20~40cm 土层 VG 模型参数 α、n 的土壤传递函数分别如式（6-8）和式（6-9）。

$$\alpha_{20\sim40cm} = -3.051 + 4.561DB + 149.902OM - 1.576DB^2$$
$$- 855.137OM^2 - 99.516DB \times OM \qquad R = 0.7603 \qquad (6-8)$$

$$n_{20\sim40cm} = 0.904 - 0.959SI + 11.889SA - 14.466SA^2 + 104.355OM$$
$$\times SI - 734.910OM \times SA \qquad R = 0.9623 \qquad (6-9)$$

区域尺度上，20～40cm 土层 VG 模型参数 α、n 土壤传递函数的相关系数分别为 0.7603 和 0.9623。如图 6-24 和图 6-25 所示分别给出了利用所建土壤传递函数计算的区域尺度上 20～40cm 土层 VG 模型参数 α、n 与实测值的之间关系。分析图 6-24 和图 6-25 可知，利用式（6-8）和式（6-9）计算的 20～40cm 土层 VG 模型参数 α、n 大部分落在 1:1 直线附近，这表明 20～40cm 土层 VG 模型参数 α、n 土壤传递函数的计算精度较高。其中 VG 模型参数 α 土壤传递函数计算值的 $RMSE$ 为 0.0724，VG 模型参数 n 土壤传递函数计算值的 $RMSE$ 为 0.0209。

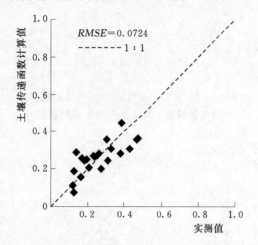

图 6-24　区域尺度 20～40cm 土层参数 α 土壤传递函数计算值与实测值的平方根之间的关系图

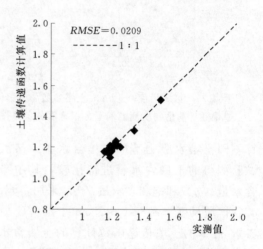

图 6-25　区域尺度 20～40cm 土层参数 n 土壤传递函数计算值与实测值的关系

2. 土壤传递函数的验证

为进一步验证区域尺度上 20～40cm 土层 VG 模型参数 α、n 土壤传递函数的精度，将根据式（6-8）和式（6-9）计算的参数 α、n 代入式（6-1），利用 VG 模型计算不同土壤水吸力下的土壤含水量，然后与试验测得的土壤含水量进行比较，其中滞留含水量（θ_r）和饱和含水量（θ_s）采用实测值。

区域尺度上基于 20～40cm 土层 VG 模型参数 α、n 的土壤传递函数计算的土壤含水量与实测值之间的关系如图 6-26 所示。由图 6-26 可知，基于 20～40cm 土层 VG 模型参数 α、n 土壤传递函数计算的土壤含水量大部分落在 1:1 直线附近，与实测值比较接近，土壤含水

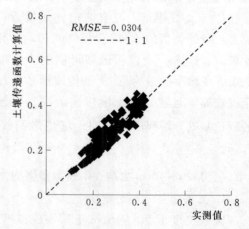

图 6-26　区域尺度 20～40cm 土层土壤传递函数计算的土壤含水量与实测值的关系

量计算值的均方根误差 $RMSE$ 为 0.0304，计算精度较高。上述分析表明，区域尺度上 20～40cm 土层 VG 模型参数 α、n 土壤传递函数的计算精度较高，且理论基础较强，可用于估算较大尺度上 20～40cm 土层 VG 模型参数 α、n。

第四节　基于主成分分析 VG 模型参数的估算模型

一、数据来源

基于主成分分析建立 $0\sim20$cm 土层和 $20\sim40$cm 土层 VG 模型参数 α、n 的估算模型时，所用数据与本章第三节所用数据完全一致，只是不再区分田间尺度和区域尺度，而是将田间尺度和区域尺度上的土壤基本物理特性综合在一起进行主成分分析。选取前几个主成分，然后再建立选取的主成分与 $0\sim20$cm 土层和 $20\sim40$cm 土层 VG 模型参数 α、n 之间的函数关系。

二、主成分分析基本原理与计算过程[33]

(一) 基本原理

主成分分析是把多个指标化为少数几个综合指标的一种统计分析方法。在多指标（变量）的研究中，往往由于变量个数太多，且彼此之间存在着一定的相关性，因而使得所观测的数据在一定程度上有信息的重叠。当变量较多时，在高维空间中研究样本的分布规律就更麻烦。主成分分析采取一种降维的方法，找出几个综合因子来代表原来众多的变量，使这些综合因子尽可能地反映原来变量的信息量，而且彼此之间互不相关，从而达到简化的目的。

一般来说，如果 N 个样品中的每个样品有 p 个指标 x_1，x_2，$\cdots$，x_p，经过主成分分析，将它们综合成 p 个综合变量，即：

$$\begin{cases} y_1 = c_{11}x_1 + c_{12}x_2 + \cdots + c_{1p}x_p \\ y_2 = c_{21}x_1 + c_{22}x_2 + \cdots + c_{2p}x_p \\ \quad\quad\quad\quad\vdots \\ y_p = c_{p1}x_1 + c_{p2}x_2 + \cdots + c_{pp}x_p \end{cases} \quad (6-10)$$

式（6-10）中 c_{ij} 由下列原则决定：①y_i 与 y_j（$i\neq j$；i，$j=1$，2，$\cdots$，p）相互独立。②y_1 是 x_1，x_2，$\cdots$，x_p 的满足式（6-10）的一切线性组合中方差最大者，y_2 是 y_1 与不相关的 x_1，x_2，$\cdots$，x_p 的所有线性组合中方差次大者，依此类推。这样决定的综合指标因子 y_1，y_2，$\cdots$，y_p 分别被称为原变量的第一，第二，$\cdots$，第 p 个主成分。在实际问题的分析中，常挑选前几个最大的主成分，这样既减少了变量的数目，又抓住了主要矛盾，简化了变量之间的关系。

(二) 计算过程

设观测样本矩阵为：

$$X = \begin{bmatrix} x_{11} & x_{12} & \cdots & x_{1p} \\ x_{21} & x_{22} & \cdots & x_{2p} \\ \vdots & \vdots & \vdots & \vdots \\ x_{n1} & x_{n2} & \cdots & x_{np} \end{bmatrix} \quad (6-11)$$

式中：n 为样本数；p 为变量数。

（1）将原始数据按照式（6-12）进行标准化处理。

$$x_{ij} = \frac{(x_{ij} - \overline{x_j})}{S_j} \qquad (6-12)$$

$$\overline{x_j} = \sum_{i=1}^{n} x_{ij} / n \qquad (6-13)$$

$$S_j = \sqrt{\sum_{i=1}^{n} (x_{ij} - \overline{x_j})^2 / (n-1)} \qquad (6-14)$$

（2）计算样本矩阵的相关系数矩阵。

$$R = \begin{bmatrix} r_{11} & r_{12} & \cdots & r_{1p} \\ r_{21} & r_{22} & \cdots & r_{2p} \\ \vdots & \vdots & \vdots & \vdots \\ r_{p1} & r_{p2} & \cdots & r_{pp} \end{bmatrix} \qquad (6-15)$$

（3）对应于相关系数矩阵 R，用雅可比方法求特征方程 $|R - \lambda I| = 0$ 的 p 个非负的特征值 $\lambda_1 > \lambda_2 > \cdots > \lambda_p \geqslant 0$，对应于特征值 λ_i 的相应特征向量为：

$$C^{(i)} = (C_1^{(i)}, C_2^{(i)}, \cdots, C_p^{(i)}) \qquad i = 1, 2, \cdots, p \qquad (6-16)$$

$$C^{(i)} C^{(j)} = \sum_{k=1}^{p} C_k^{(i)} C_k^{(j)} = \begin{cases} 1 & i = j \\ 0 & i \neq j \end{cases} \qquad (6-17)$$

（4）选择 m（$m < p$）个主成分。当前面 m 个主成分 Z_1，Z_2，$\cdots$，$Z_m (m < p)$ 的方差和占全部方差的比例 $a = \left(\sum_{i=1}^{m} \lambda_i \right) / \left(\sum_{i=1}^{p} \lambda_i \right)$ 接近于 1 时（如 $a \geqslant 0.85$），选取前 m 个因子 Z_1，Z_2，$\cdots$，Z_m 为第 1，2，$\cdots$，m 个主成分。

三、基于主成分分析 VG 模型参数的估算模型

（一）土壤基本物理特性的主成分分析

1. 0~20cm土层土壤基本物理特性的主成分分析

利用 DPS 软件里的主成分分析模块对 0~20cm 土层土壤容重（DB）、有机质含量（OM）、黏粒含量（CL）、粗粉粒含量（SI）和砂粒含量（SA）进行主成分分析，各主成分对应的特征向量如表 6-8 所示，特征值及累计贡献率如表 6-9 所示。

表 6-8　　　　　　　　　　　　　主成分对应的特征向量表

模型参数	主成分 1（Z_1）	主成分 2（Z_2）	主成分 3（Z_3）	主成分 4（Z_4）	主成分 5（Z_5）
DB	−0.4039	0.0098	0.7289	0.5171	0.1952
OM	0.4684	0.3005	−0.3217	0.7426	0.1883
CL	0.2963	0.7502	0.3676	−0.3931	0.2443
SI	0.4792	−0.5669	0.2067	−0.1410	0.6216
SA	−0.5477	0.1596	−0.4328	−0.0824	0.6931

表 6 - 9   特征值及累计贡献率表

主 成 分	特 征 值	方差贡献率（%）	累计贡献率（%）
Z_1	2.4329	48.6571	48.6571
Z_2	1.0330	20.6605	69.3176
Z_3	0.8703	17.4067	86.7243
Z_4	0.5028	10.0569	96.7812
Z_5	0.1609	3.2188	100

由表 6 - 9 可知，前 3 个主成分的累计贡献率为 86.72%。即前 3 个主成分基本上包含了 0～20cm 土层土壤容重、有机质含量、黏粒含量、粗粉粒含量和砂粒含量含有的信息。因此，选取前 3 个主成分建立 0～20cm 土层 VG 模型参数的估算模型。

2. 20～40cm 土层土壤基本物理特性的主成分分析

同样利用 DPS 软件里的主成分分析模块对 20～40cm 土层土壤容重、有机质含量、黏粒含量、粗粉粒含量和砂粒含量进行主成分分析，如表 6 - 10 所示给出了各主成分对应的特征向量，如表 6 - 11 所示给出了特征值及累计贡献率。

表 6 - 10   主成分对应的特征向量表

模型参数	主成分 1（Z_1）	主成分 2（Z_2）	主成分 3（Z_3）	主成分 4（Z_4）	主成分 5（Z_5）
DB	−0.3045	0.5782	0.5135	−0.5491	0.0877
OM	0.3840	0.1845	0.6663	0.6107	0.0393
CL	0.0277	0.7745	−0.5317	0.3213	0.1156
SI	0.6203	−0.0369	−0.0756	−0.3416	0.7010
SA	−0.6117	−0.1744	0.0620	0.3249	0.6971

表 6 - 11   特征值及累计贡献率表

主 成 分	特 征 值	方差贡献率（%）	累计贡献率（%）
Z_1	2.2621	45.2427	45.2427
Z_2	1.1154	22.3087	67.5514
Z_3	0.9610	19.2207	86.7721
Z_4	0.5404	10.8081	97.5801
Z_5	0.1210	2.4199	100

从表 6 - 11 可以看出，前 3 个主成分的累计贡献率为 86.77%。也就是说，前 3 个主成分包含了上述几个土壤基本物理特性指标的大部分信息，因此，同样选取前 3 个主成分代替土壤基本物理特性包含的信息，然后建立前 3 个主成分与 20～40cm 土层 VG 模型参数 α、n 之间的函数关系。

（二）VG 模型参数的多元线性回归估算模型

1. 0～20cm 土层 VG 模型参数多元线性回归估算模型

（1）0～20cm 土层 VG 模型参数多元线性回归估算模型的建立。式（6-18）和式

（6-19）分别为基于主成分分析建立的 0～20cm 土层 VG 模型参数 α、n 的多元线性回归估算模型。式（6-18）和式（6-19）拟合的 VG 模型参数与实测值之间的关系分别如图 6-27 和图 6-28 所示（样本 1～样本 41）。由图 6-27 和图 6-28 可知，除个别样本外，利用式（6-18）拟合得到的 0～20cm 土层 VG 模型参数 α 与实测值比较接近；利用式（6-19）拟合得到的 0～20cm 土层 VG 模型参数 n 与实测值非常接近。

$$\alpha_{0\sim20cm}=1.01-0.33Z_1+0.91Z_2-0.63Z_3 \quad R=0.594 \qquad (6-18)$$
$$n_{0\sim20cm}=1.55-0.44Z_1-0.34Z_2-0.49Z_3 \quad R=0.609 \qquad (6-19)$$

（2）0～20cm 土层 VG 模型参数多元线性回归估算模型的验证。为检验式（6-18）和式（6-19）对 0～20cm 土层 VG 模型参数 α、n 的预测效果，利用式（6-18）和式（6-19）预测未参加建模的样本 42～样本 53 的 VG 模型参数，如图 6-29 和图 6-30 所示分别给出了 0～20cm 土层 VG 模型参数 α、n 预测值与实测值之间的关系。

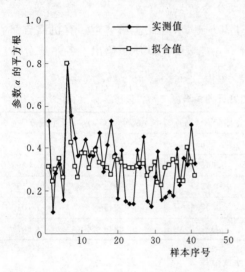

图 6-27　0～20cm 土层参数 α 拟合值与实测值的平方根之间的关系图

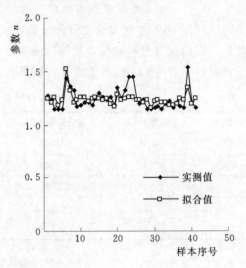

图 6-28　0～20cm 土层 VG 模型参数 n 拟合值与实测值之间的关系图

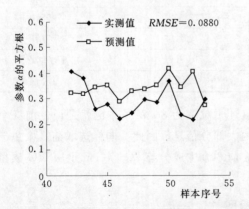

图 6-29　0～20cm 土层 VG 模型参数 α 估算模型预测值与实测值的平方根之间的关系图

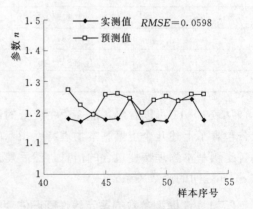

图 6-30　0～20cm 土层 VG 模型参数 n 估算模型预测值与实测值之间的关系图

从图 6-29 和图 6-30 可以看出，利用式（6-18）和式（6-19）预测 0～20cm 土层 VG 模型参数 α、n 时，除个别样本预测值与实测值相差较大外，其余样本 VG 模型参数 α、n 的预测值与实测值都比较接近。VG 模型参数 α、n 预测值的均方根误差分别为 0.0880、0.0598。上述分析表明，基于主成分分析建立的 0～20cm 土层 VG 模型参数的多元线性回归估算模型可用于预测 0～20cm 土层 VG 模型参数 α、n。

2. 20～40cm 土层 VG 模型参数多元线性回归估算模型

（1）20～40cm 土层 VG 模型参数多元线性回归估算模型的建立。以选取的前 3 个主成分为自变量，建立了 20～40cm 土层 VG 模型参数 α、n 与前 3 个主成分之间的函数关系。分别如式（6-20）和式（6-21）。如图 6-31 和图 6-32 所示给出了式（6-20）和式（6-21）拟合得到的 20～40cm 土层 VG 模型参数 α、n 与实测值之间的关系。

$$\alpha_{20\sim40cm}=1.19-0.57Z_1+0.26Z_2-1.89Z_3 \quad R=0.586 \quad (6-20)$$

$$n_{20\sim40cm}=1.86-0.99Z_1-0.05Z_2-1.14Z_3 \quad R=0.783 \quad (6-21)$$

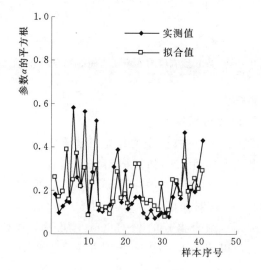

图 6-31 20～40cm 土层参数 α 拟合值与实测值的平方根之间的关系

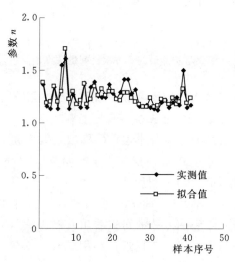

图 6-32 20～40cm 土层 VG 模型参数 n 拟合值与实测值之间的关系

分析图 6-31 可知，除个别样本 VG 模型参数 α 拟合值与实测值有较大差距外，利用式（6-20）拟合得到的 20～40cm 土层 VG 模型参数 α 与实测值之间的差距较小。由图 6-32可知，利用式（6-21）拟合得到的 20～40cm 土层 VG 模型参数 n 与实测值之间的差距都比较小。

（2）20～40cm 土层 VG 模型参数多元线性回归估算模型的验证。为检验式（6-20）和式（6-21）预测 20～40cm 土层 VG 模型参数 α、n 的精度，利用式（6-20）和式（6-21）对未参加建模的样本 42～样本 53 的 VG 模型参数 α、n 进行预测。

如图 6-33 和图 6-34 所示分别为利用式（6-20）和式（6-21）预测的 20～40cm 土层 VG 模型参数 α、n 与实测值之间的关系。由图 6-33 和图 6-34 可知，利用式（6-20）和式（6-21）预测 20～40cm 土层 VG 模型参数 α、n 时，除个别样本 VG 模型参数 α、n 预测值与实测值之间的误差较大外，其余样本 VG 模型参数 α、n 预测值都比较接近实测值。其中 VG 模型参数 α 预测值的均方根误差为 0.1088，VG 模型参数 n 预测值的均方根误差为 0.0673。这表明基于主成分分析建立的 20～40cm 土层 VG 模型参数 α、n 的多元线性回归估算模型预测精度较高，可用于估算 20～40cm 土层 VG 模型参数 α、n。

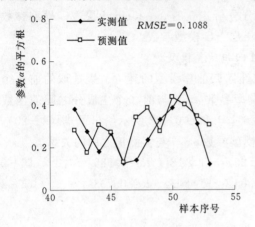

图 6-33　20～40cm 土层参数 α 预测值与实测值的平方根之间的关系图

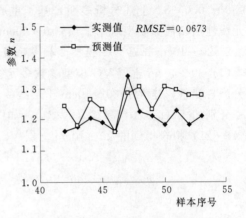

图 6-34　20～40cm 土层 VG 模型参数 n 预测值与实测值之间的关系图

（三）VG 模型参数的多元非线性回归估算模型

1. 0～20cm 土层 VG 模型参数多元非线性回归估算模型

（1）0～20cm 土层 VG 模型参数多元非线性回归估算模型的建立。基于主成分分析建立的 0～20cm 土层 VG 模型参数 α、n 的多元非线性回归估算模型分别如式（6-22）和式（6-23）。利用式（6-22）和式（6-23）拟合得到的 0～20cm 土层 VG 模型参数 α、n 与实测值之间的关系（样本 1～样本 41）分别如图 6-35 和图 6-36 所示。从图 6-35 和图 6-36 可以看出，利用式（6-22）拟合得到的 0～20cm 土层 VG 模型参数 α 与实测值比较接近，利用式（6-23）拟合得到的 0～20cm 土层 VG 模型参数 n 与实测值非常接近。

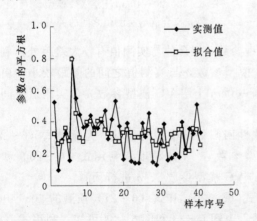

图 6-35　0～20cm 土层参数 α 拟合值与实测值的平方根之间的关系

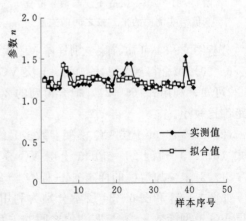

图 6-36　0～20cm 土层 VG 模型参数 n 拟合值与实测值之间的关系

$$\alpha_{0\sim20cm}=3.24+11.54Z_2-2.98Z_3-2.20Z_1^2-2.00Z_1\times Z_3-9.44Z_2\times Z_3 \quad R=0.616$$
$$(6-22)$$

$$n_{0\sim20cm}=0.94-8.73Z_2+1.07Z_1^2-10.52Z_2^2+0.22Z_1\times Z_3+5.13Z_2\times Z_3 \quad R=0.728$$
$$(6-23)$$

（2）0～20cm 土层 VG 模型参数多元非线性回归估算模型的验证。为检验基于主成分分析建立的式（6-22）和式（6-23）的预测精度，利用式（6-22）和式（6-23）对未参加建模的样本 42～样本 53 的 VG 模型参数 α、n 进行预测。如图 6-37 所示给出了 0～20cm 土层 VG 模型参数 α 预测值与实测值之间的关系，如图 6-38 所示给出了 0～20cm 土层 VG 模型参数 n 预测值与实测值之间的关系。

分析图 6-37 可知，除个别样本误差较大外，利用式（6-22）预测的 0～20cm 土层 VG 模型参数 α 与实测值比较接近，均方根误差为 0.1172。分析图 6-38 可知，式（6-23）的预测精度较高，利用式（6-23）预测的 12 个样本的 VG 模型参数 n 与实测值都比较接近，均方根误差为 0.0818。上述分析表明，基于主成分分析建立的 VG 模型参数的多元非线性回归估算模型可用于预测 0～20cm 土层 VG 模型参数 α、n。

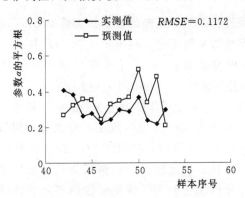 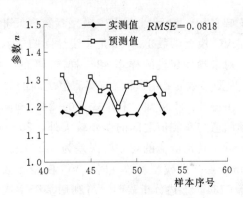

图 6-37　0～20cm 土层 VG 模型参数 α 估算　　　　图 6-38　0～20cm 土层 VG 模型参数 n
　　模型预测值与实测值的平方根之间的关系　　　　　估算模型预测值与实测值之间的关系

2. 20～40cm 土层 VG 模型参数多元非线性回归估算模型

（1）20～40cm 土层 VG 模型多元非线性回归估算模型的建立。式（6-24）和式（6-25）分别为基于主成分分析得出的研究结果，建立的前 3 个主成分与 20～40cm 土层 VG 模型参数 α、n 之间的函数关系。如图 6-39 和图 6-40 所示分别给出了利用式（6-24）和式（6-25）拟合得到的 20～40cm 土层 VG 模型参数 α、n 与实测值之间的关系。

$$\alpha_{20\sim40cm}=1.13+2.29Z_1+0.61Z_1^2-4.89Z_1\times Z_2+2.05Z_1\times Z_3-1.73Z_2\times Z_3 \quad R=0.661$$
$$(6-24)$$

$$n_{20\sim40cm}=3.62-2.71Z_1-4.26Z_2-0.97Z_3-2.27Z_1^2+2.00Z_2^2 \quad R=0.843 \quad (6-25)$$

从图 6-39 可以看出，除个别样本外，利用式（6-24）模拟的样本 1～样本 41 的 20～40cm 土层 VG 模型参数 α 与实测值比较接近。从图 6-40 可以看出，利用式（6-25）模拟的样本 1～样本 41 的 20～40cm 土层 VG 模型参数 n 都非常接近于实测值。

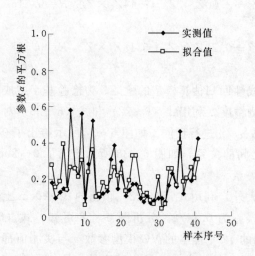 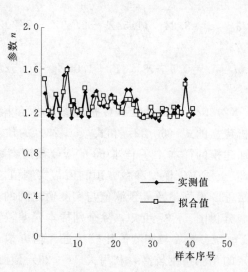

图 6 - 39　20～40cm 土层参数 α 拟合
值与实测值的平方根之间的关系

图 6 - 40　20～40cm 土层 VG 模型参
数 n 拟合值与实测值之间的关系

（2）20～40cm 土层 VG 模型参数多元非线性回归估算模型的验证。为检验 20～40cm 土层 VG 模型参数 α、n 多元非线性回归估算模型的预测精度，利用式（6-24）和式（6-25）对未参加建模的样本 42～样本 53 的 VG 模型参数 α、n 进行预测，20～40cm 土层 VG 模型参数 α、n 预测值与实测值之间的关系分别如图 6-41 和图 6-42 所示。

由图 6-41 可知，利用式（6-24）预测 20～40cm 土层 VG 模型参数 α 时，除个别样本预测值与实测值之间的误差较大外，20～40cm 土层 VG 模型参数 α 预测值与实测值比较接近，其预测值的均方根误差为 0.1179。由图 6-42 可知，利用式（6-25）预测 20～40cm 土层 VG 模型参数 n 时，VG 模型参数 n 的预测精度较高，其预测值的均方根误差为 0.0734。上述分析表明，可利用基于主成分分析建立的 VG 模型参数的多元非线性回归估算模型预测 20～40cm 土层 VG 模型参数 α、n。

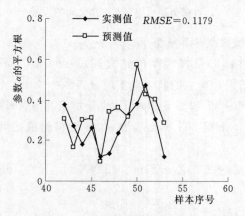 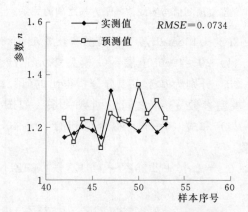

图 6 - 41　20～40cm 土层 VG 模型参数 α 估算
模型预测值与实测值的平方根之间的关系图

图 6 - 42　20～40cm 土层 VG 模型参数 n
估算模型预测值与实测值之间的关系图

综合分析 0～20cm 土层和 20～40cm 土层 VG 模型参数 α、n 多元线性回归模型和多元非线性回归估算模型的预测误差，可以发现 VG 模型参数 α、n 估算模型的预测精度在整体上都较高，可利用建立的估算模型预测研究区域 0～20cm 土层和 20～40cm 土层 VG 模型参数 α、n。此外，0～20cm 土层和 20～40cm 土层 VG 模型参数 α、n 多元非线性回归估算模型预测值的均方根误差略大于对应土层对应变量多元线性回归估算模型预测值的均方根误差，这可能是由于多元非线性回归估算模型中自变量较多，使得多元非线性回归估算模型的稳定性差，而且每个自变量的区间误差积累将影响总体误差，导致其预测精度降低[33]。

参 考 文 献

[1] van Genuchten M Th. A closed-form equation for predicting the hydraulic conductivity of unsaturated soils [J]. Soil Sci. Soc. Am. J., 1980, 44: 892-898.

[2] 刘贤赵, 李嘉竹, 张振华. 土壤持水曲线 van Genuchten 模型求参的一种新方法 [J]. 土壤学报, 2007, 44 (6): 1135-1138.

[3] 李小刚. 影响土壤水分特征曲线的因素 [J]. 甘肃农业大学学报, 1994, 29 (3): 273-278.

[4] 吕殿青, 王玲, 潘云, 等. 南北方黏质土壤密度对土壤水分特征 van Genuchten 模型的影响研究 [J]. 灌溉排水学报, 2010, 29 (3): 74-76.

[5] 冯杰, 郝振纯, 刘方贵. 大孔隙对土壤水分特征曲线的影响 [J]. 灌溉排水, 2002, 21 (3): 4-7.

[6] 王康, 张仁铎, 王富庆. 基于不完全分形理论的土壤水分特征曲线模型 [J]. 水利学报, 2004, 5: 1-6, 13.

[7] 程东娟, 郭凤台, 刘贵德, 等. 不同种植条件下土壤水分特征曲线研究 [J]. 陕西农业科学, 2006, 1: 1-4.

[8] 程云, 陈宗伟, 张洪江, 等. 重庆缙云山不同植被类型林地土壤水分特征曲线模拟 [J]. 水土保持研究, 2006, 13 (5): 80-83.

[9] 杨靖宇, 屈忠义. 河套灌区区域土壤水分特征曲线模型的确定与评价 [J]. 干旱区资源与环境, 2008, 22 (5): 155-159.

[10] 赵世平, 刘建生, 杨改强, 等. 粒径对土壤水分特征曲线的影响研究 [J]. 太原科技大学学报, 2008, 29 (4): 332-334.

[11] 吴煜禾, 张洪江, 王伟, 等. 重庆四面山不同土地利用方式土壤水分特征曲线测定与评价 [J]. 西南大学学报 (自然科学版), 2011, 33 (5): 102-108.

[12] 冯杰, 尚熳廷, 刘佩贵. 大孔隙土壤与均质土壤水分特征曲线比较研究 [J]. 土壤通报, 2009, 40 (5): 1006-1009.

[13] 郑荣伟, 冯绍元, 郑艳侠. 北京通州区典型农田土壤水分特征曲线测定及影响因素分析 [J]. 灌溉排水学报, 2011, 30 (3): 77-81.

[14] 赵爱辉, 黄明斌, 史竹叶. 两种土壤水分特征曲线间接推求方法对黄土的适应性评价 [J]. 农业工程学报, 2008, 24 (9): 11-15.

[15] 刘建立, 徐绍辉. 根据颗粒大小分布估计土壤水分特征曲线: 分形模型的应用 [J]. 土壤学报, 2003, 40 (1): 46-52.

[16] 宋孝玉, 李亚娟, 李怀有, 等. 土壤水分特征曲线单一参数模型的建立及应用 [J]. 农业工程学报, 2008, 24 (12): 12-15.

[17] 朱安宁, 张佳宝, 程竹华. 轻质土壤水分特征曲线估计的简便方法 [J]. 土壤通报, 2003, 34

(4)：253 - 258.

[18] 苏飞，董增川，陈敏建．土壤水分特征曲线几种标定的对比分析［J］．灌溉排水学报，2004，23（6）：55 - 58.

[19] 刘慧，刘建立．估计土壤水分特征曲线的简化分形方法［J］．土壤，2004，36（6）：672 - 674.

[20] 苏里坦，宋郁东，张展羽．沙漠非饱和风沙土壤水分特征曲线预测的分形模型［J］．水土保持学报，2005，19（4）：115 - 118，130.

[21] 刘建立，徐绍辉．非相似介质方法在估计土壤水分特征曲线中的应用［J］．水利学报，2003，4：80 - 84.

[22] 贾宏伟，康绍忠，张富仓．土壤水力参数的单一参数模型［J］．水利学报，2006，37（3）：272 - 277.

[23] Li Y, Chen D, White R E, et al. Estimating soil hydraulic properties of Fengqiu County soils in the North China Plain using pedo－transfer functions ［J］. Geoderma, 2007, 138（3 - 4）：261 - 271.

[24] Zeleke T B, Si B C. Characterizing scale－dependent spatial relationships between soil properties using multifractal techniques ［J］. Geoderma, 2006, 134（3 - 4）：440 - 452.

[25] 肖建英，李永涛，王丽．利用 Van Genuchten 模型拟合土壤水分特征曲线［J］．地下水，2007，29（5）：46 - 47.

[26] 白玉，张玉龙．半干旱地区风沙土水分特征曲线 V. G. 模型参数的空间变异性［J］．沈阳农业大学学报，2008，39（3）：318 - 323.

[27] 雷志栋，杨诗秀，谢森传．土壤水动力学［M］．北京：清华大学出版社，1988.

[28] 邵明安，黄明斌．土根系统水动力学［M］．西安：陕西科学技术出版社，2000.

[29] 景为．推求土壤水分运动参数的方法［D］．杨凌：西北农林科技大学，2004.

[30] Eghball B, Schepers J S, Negahban M, et al. Spatial and temporal variability of soil nitrate and corn yield: multifractal analysis ［J］. Agron. J. , 2003, 95（2）：339 - 346.

[31] Zeleke T B, Si B C. Scaling relationships between saturated hydraulic conductivity and soil physical properties ［J］. Soil Sci. Soc. Am. J. , 2005, 69：1691 - 1702.

[32] 陈彦光，周一星．豫北地区城镇体系空间结构的多分形研究［J］．北京大学学报（自然科学版），2001，37（6）：810 - 818.

[33] 唐启义．DPS 数据处理系统——实验设计、统计分析及数据挖掘［M］．2 版．北京：科学出版社，2010.

第七章 Green - Ampt 入渗模型累积入渗量显函数的适用性研究

　　入渗是指水分进入土壤的过程，是田间水循环过程中降雨或灌溉水向土壤水转化的重要环节。表征土壤入渗特征的入渗模型[1-3]众多，在这些经验、半经验和有明确物理意义的入渗模型中，Green - Ampt 入渗模型的应用比较广泛。但 Green - Ampt 入渗模型中累积入渗量和入渗率与入渗时间呈隐函数关系，给实际应用中累积入渗量和入渗率的确定带来很大困难[4-6]。基于国内外开展的相关研究，通过分析 Philip 入渗模型与 Green - Ampt 入渗模型计算累积入渗量的方程，根据 Green - Ampt 入渗模型参数与 Philip 入渗模型参数之间的转换关系，建立了不同条件下 Green - Ampt 入渗模型累积入渗量的显函数，并利用不同土壤质地和大田试验条件下的入渗资料对其适用性进行评价，以期为建立 Green - Ampt 入渗模型的显函数以及提高其计算精度提供参考。

第一节　土壤水分入渗模型

一、Green - Ampt 入渗模型

　　Green - Ampt 入渗模型假设土壤初始含水量均匀分布，入渗过程是积水入渗。入渗过程中存在明显湿润锋。湿润锋后土壤含水量为饱和含水量，导水率为饱和导水率。湿润锋前土壤含水量为初始含水量，湿润锋处存在一固定不变的吸力。Green - Ampt 入渗模型可表示为[1]：

$$i = K_s \frac{Z_f + H_0 + S_f}{Z_f} \qquad (7-1)$$

式中：i 为入渗速率，cm/min；K_s 为饱和导水率，cm/min；Z_f 为湿润锋深度，cm；H_0 为积水深度，cm；S_f 为湿润锋吸力，cm。

　　参照 Green - Ampt 入渗模型的基本假设，由水量平衡原理，可得某一入渗时刻累积入渗量的计算公式：

$$I = (\theta_s - \theta_i) Z_f \qquad (7-2)$$

式中：I 为累积入渗量，cm；θ_s 为饱和含水量，cm^3/cm^3；θ_i 为初始含水量，cm^3/cm^3。

　　入渗率与累积入渗量存在如下关系：

$$i = \frac{dI}{dt} = (\theta_s - \theta_i) \frac{dZ_f}{dt} \qquad (7-3)$$

式中：t 为入渗时间，min。

　　结合式（7-1）和式（7-3）可得：

$$dZ_f/dt = K_s(Z_f + H_0 + S_f)/[Z_f(\theta_s - \theta_i)] \tag{7-4}$$

对式（7-4）积分，并令 $t=0$ 时，$Z_f=0$，得：

$$Z_f = K_s t/(\theta_s - \theta_i) + (H_0 + S_f)\ln[(Z_f + H_0 + S_f)/(H_0 + S_f)] \tag{7-5}$$

将式（7-2）变形后，代入式（7-5）可得：

$$I = K_s t + (H_0 + S_f)(\theta_s - \theta_i)\ln\{1 + I/[(H_0 + S_f)(\theta_s - \theta_i)]\} \tag{7-6}$$

式（7-6）是 Green-Ampt 入渗模型的主要表达式之一[6,8-10]，累积入渗量与入渗时间呈隐函数关系。

二、Philip 入渗模型

Philip 认为在入渗过程中，任意时刻的入渗率与入渗时间之间的函数关系可用下式表示[2]：

$$i(t) = \frac{1}{2}St^{-1/2} + A \tag{7-7}$$

相应累积入渗量为：

$$I(t) = St^{1/2} + At \tag{7-8}$$

式中：$i(t)$ 为入渗速率，cm/min；$I(t)$ 为累积入渗量，cm；S 为土壤吸湿率，cm/min$^{0.5}$；A 为常数。

三、Kostiakov 公式

该公式是 Kostiakov 在 1932 年提出来的[3]：

$$f(t) = at^{-b} \tag{7-9}$$

式中：$f(t)$ 为入渗速率，cm/min；t 为入渗时间，min；a、b 为由试验资料拟合的参数。由式（6-9）可知，当 $t \to \infty$ 时，$f(t) \to 0$，当 $t \to 0$ 时，$f(t) \to \infty$。垂直入渗条件下，当 $t \to \infty$ 时，$f(t) \to 0$ 显然不符合实际，但在实际情况下，只要能确定出 t 的期限，使用该公式还是比较简便而且较为准确。

四、Horton 公式

Horton（1933 年）得出一个他认为与他对渗透过程的物理概念理解相一致的方程[7]：

$$i = i_c + (i_0 - i_c)e^{-kt} \tag{7-10}$$

式中：i_c 为稳定入渗率；i_0 为初始入渗率；k 为常数，决定着 i 从 i_0 减小到 i_c 的速度。

第二节　Green-Ampt 入渗模型累积入渗量显函数的建立与验证

一、数据来源

入渗试验分为田间入渗试验和室内入渗试验两部分，田间入渗试验在位于杨凌一级阶地的一林地内进行。试验进行前在离入渗点 1m 处挖一剖面，用体积为 100cm³ 的环刀取原状土土样，用于测定入渗点土壤容重、初始含水量和饱和含水量，并用袋装散土土样。土壤入渗特性用野外入渗仪测定，入渗过程中记录入渗时间和马氏瓶内水位变化，田间入渗试验重复 3 次。

室内试验选用 4 种土样进行一维垂直积水入渗试验。4 种土样分别取自烟台、榆林、洛川和杨凌。土样风干和过 2mm 孔径土筛后，按照容重（1.4g/cm³、1.4g/cm³、1.4g/cm³ 和 1.5g/cm³）分 3 层均匀装入试验土柱，到设计高度为止。试验土柱直径为 10cm，高为 50cm。利用马氏瓶供水，进行恒表面积水深度的入渗试验（积水深度大约为 3cm、3cm、3cm 和 5cm），试验过程中记录湿润锋距离、入渗时间和马氏瓶内水位变化。试验土柱底部留有排气孔以消除气相阻力对入渗的影响，在试验土柱上层覆盖一层低阻力尼龙网，以减轻灌水时对土壤表面的扰动。4 种土样的土壤颗粒组成、初始含水量和饱和含水量如表 7-1 所示。

表 7-1 　　　　　　　试验土壤的颗粒组成、初始含水量和饱和含水量图

供试土壤	砂粒 （1～0.05mm）	粗粉粒 （0.05～0.01mm）	粘粒 （<0.001mm）	初始含水量 （cm³/cm³）	饱和含水量 （cm³/cm³）
烟台[11]	33.30	35.64	11.02	0.03	0.44
榆林	21.20	50.84	4.87	0.02	0.43
洛川	11.47	49.29	11.30	0.03	0.46
杨凌 1	7.10	44.81	5.29	0.03	0.49
杨凌 2	7.10	44.81	5.29	0.30	0.49

注　杨凌 1 指室内试验供试土壤性质；杨凌 2 指田间试验测点的土壤性质。

二、Green - Ampt 入渗模型累积入渗量显函数的建立

Green - Ampt 入渗模型中累积入渗量和入渗率与入渗时间呈隐函数关系，给实际应用中累积入渗量和入渗率的确定带来很大困难[4-6]。Philip 入渗模型与 Green - Ampt 入渗模型具有相似的物理基础，模型参数之间存在转换关系[6,12-13]，这为建立 Green - Ampt 入渗模型的显函数提供了一条途径。张振华等[6]通过分析 Philip 入渗模型与 Green - Ampt 模型计算入渗率的方程，根据两模型参数之间的转换关系，建立了 Green - Ampt 入渗模型的显式近似解。利用烟台砂壤土的室内入渗资料对建立的 Green - Ampt 入渗模型显式近似解进行了检验，发现其计算精度较高。上述结论只是利用一种土壤的室内试验得出的，土壤质地变化较大和大田入渗试验条件下，利用 Philip 入渗模型建立的 Green - Ampt 入渗模型显函数的计算精度和适应性如何？若通过分析 Philip 入渗模型与 Green - Ampt 入渗模型计算累积入渗量的方程建立 Green - Ampt 入渗模型的显函数，显函数的计算精度和适应性又会发生怎样的变化？

为此，在上述研究的基础上，通过分析 Philip 入渗模型与 Green - Ampt 入渗模型计算累积入渗量的方程，根据 Green - Ampt 入渗模型参数与 Philip 入渗模型参数之间的转换关系，基于不同土壤的室内入渗试验以及野外入渗试验，建立了不同条件下 Green - Ampt 入渗模型累积入渗量的显函数。

相同入渗时间内，式（7-6）中的 I 与式（7-8）中的 $I(t)$ 应相等，即：

$$St^{1/2}+K_s t=K_s t+(H_0+S_f)(\theta_s-\theta_i)\ln\{1+I/[(H_0+S_f)(\theta_s-\theta_i)]\} \qquad (7-11)$$

整理式（7-11）可得：

$$I=(\theta_s-\theta_i)(H_0+S_f)(e^{S\sqrt{t}/[(H_0+S_f)(\theta_s-\theta_i)]}-1) \qquad (7-12)$$

分析式（7-12）可知，只要用 Green-Ampt 入渗模型中的参数 K_s 和 S_f 替换掉 Philip 入渗模型中的参数 S，便可得到 Green-Ampt 入渗模型累积入渗量的显函数表达式。

许多研究已表明 Green-Ampt 入渗模型参数和 Philip 入渗模型参数之间存在转换关系[6,12,13]，推导前提和过程不同时，两模型参数之间的转换关系会稍微有所差异。为比较分析这种差异对显函数计算精度的影响，考虑了两种 Green-Ampt 入渗模型参数和 Philip 入渗模型参数之间的转换关系。在 Green-Ampt 入渗模型的基本假设前提下，借助于土壤宏观毛管长度参数，Green-Ampt 入渗模型参数与 Philip 入渗模型参数之间的转换关系可以表示为[6]：

$$S_f=\lambda_c=bS^2/[(\theta_s-\theta_i)K_s] \quad K_s=A \qquad (7-13)$$

式中：λ_c 为土壤宏观毛管长度；b 是介于 0.5 与 $\pi/4$ 之间的常数，其值取决于土壤水扩散率函数的形状，一般可取为 0.55[6]。

入渗时间较长时，Green-Ampt 入渗模型参数与 Philip 入渗模型参数之间的转换关系还可以表示为[14]：

$$S_f=S^2/[2A(\theta_s-\theta_i)] \quad K_s=A \qquad (7-14)$$

将式（7-13）和式（7-14）变形后，分别代入式（7-12）可得：

$$I=(\theta_s-\theta_i)(H_0+S_f)(e^{\frac{\sqrt{k_s S_f t/[b(\theta_s-\theta_i)]}}{H_0+S_f}}-1) \qquad (7-15)$$

$$I=(\theta_s-\theta_i)(H_0+S_f)(e^{\frac{\sqrt{2k_s S_f t/(\theta_s-\theta_i)}}{H_0+S_f}}-1) \qquad (7-16)$$

式（7-15）和式（7-16）即是在分析 Philip 入渗模型与 Green-Ampt 入渗模型计算累积入渗量的方程的基础上，分别利用文献［6］和文献［12］推导的 Green-Ampt 入渗模型参数和 Philip 入渗模型参数之间的转换关系。建立的 Green-Ampt 入渗模型累积入渗量的显函数，在下文分析中，为便于区别，式（7-15）和式（7-16）分别记为显函数Ⅰ和显函数Ⅱ。

地表积水很小或入渗时间较长时，H_0 可忽略不计。因而，式（7-15）和式（7-16）可简化为：

$$I=(\theta_s-\theta_i)S_f(e^{\sqrt{k_s t/[b(\theta_s-\theta_i)S_f]}}-1) \qquad (7-17)$$

$$I=(\theta_s-\theta_i)S_f(e^{\sqrt{2k_s t/[(\theta_s-\theta_i)S_f]}}-1) \qquad (7-18)$$

三、Green-Ampt 入渗模型累积入渗量显函数的验证

（一）试验供试土壤的入渗特性

入渗率是单位时间内通过地表单位面积渗入到土壤中的水量，反映了土壤的入渗特性，受到土壤质地及其他有关因素的影响。累积入渗量是入渗开始后一定时间内，通过地表单位面积入渗到土壤中的总水量。了解累积入渗量及其随时间的变化关系，对于分析降

雨和灌溉入渗等问题十分重要。累积入渗量是入渗率关于时间的积分，两者之间存在密切的关系。如图 7-1 所示为试验供试土壤累积入渗量随入渗时间的变化动态曲线。如图 7-2 所示为试验供试土壤入渗速率随入渗时间的变化动态曲线。从图 7-1 和图 7-2 可知，在入渗初始阶段，几种试验供试土壤的土壤水分入渗都比较迅速。但是随着入渗时间的增加，入渗速率逐渐下降，趋于稳定。

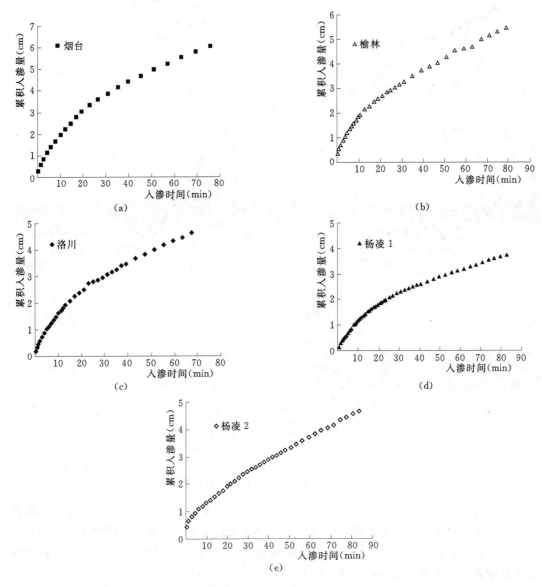

图 7-1 累积入渗量随入渗时间的变化动态曲线

（二）Philip 入渗模型参数的确定

根据上文分析可知，将 Philip 入渗模型参数代入式（7-13）和式（7-14），便可求得 Green-Ampt 入渗模型参数，因此需先求解 Philip 入渗模型参数。Philip 入渗模型参

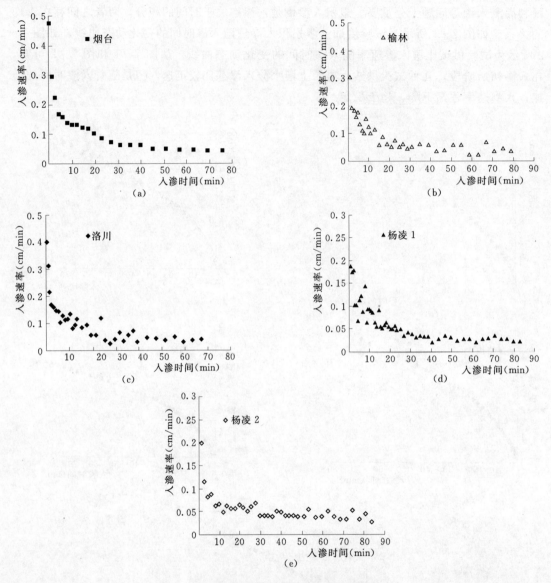

图 7-2 入渗速率随入渗时间的变化动态曲线

数可通过式（7-7）或式（7-8）拟合入渗数据获取。如图 7-3 所示给出了几种试验供试土壤入渗过程中累积入渗量和入渗时间平方根之间的关系，几种试验供试土壤入渗过程中入渗率和入渗时间平方根倒数之间的关系如图 7-4 所示。为清晰计，如表 7-2 所示给出了具体的拟合方程及其决定系数（R^2）。

由表 7-2 可知，用式（7-7）拟合几种试验供试土壤入渗数据时，拟合方程的决定系数分别为 0.9885、0.9182、0.9409、0.7985 和 0.8906。用式（7-8）拟合几种试验供试土壤入渗数据时，拟合方程的决定系数分别为 0.9945、0.9991、0.9954、0.9917 和 0.9968。相比而言，式（7-8）的拟合效果优于式（7-7），故本部分所用 Philip 入渗模型参数通过式（7-8）拟合几种试验供试土壤入渗数据确定。

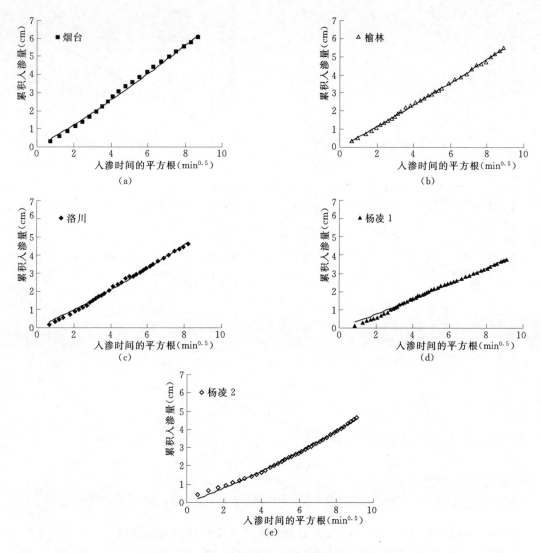

图 7-3 累积入渗量与入渗时间平方根的关系

表 7-2   **Philip 入渗模型拟合方程及其参数值**

供试土壤	拟合方程	决定系数（R^2）	S	A
烟台	$I=0.0138t+0.5913t^{1/2}$	0.9945	0.5913	0.0138
	$i=0.3579t^{-1/2}+0.0082$	0.9885	0.7158	0.0082
榆林	$I=0.0065t+0.5554t^{1/2}$	0.9991	0.5554	0.0065
	$i=0.2930t^{-1/2}+0.0073$	0.9182	0.5860	0.0073
洛川	$I=0.0136t+0.4649t^{1/2}$	0.9954	0.4649	0.0136
	$i=0.2740t^{-1/2}+0.0089$	0.9409	0.5480	0.0089
杨凌1	$I=0.0057t+0.3669t^{1/2}$	0.9917	0.3669	0.0057
	$i=0.1857t^{-1/2}+0.0108$	0.7985	0.3714	0.0108
杨凌2	$I=0.0144t+0.3715t^{1/2}$	0.9968	0.3715	0.0144
	$i=0.1820t^{-1/2}+0.0147$	0.8906	0.3640	0.0147

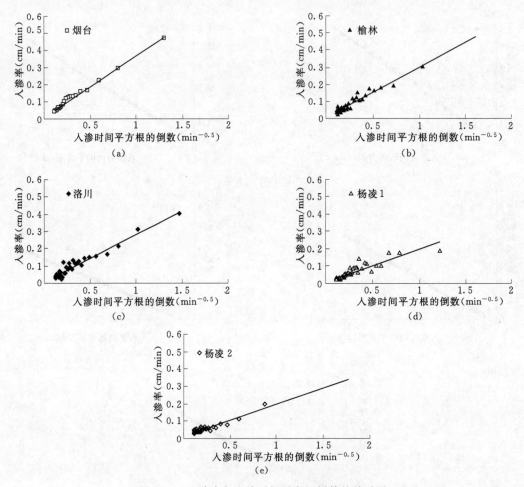

图 7-4　入渗率与入渗时间平方根倒数的关系图

（三）不同条件下 Green - Ampt 入渗模型累积入渗量显函数的确定

利用式（7-13）和式（7-14），当 $b=0.55$ 时，根据获取的 Philip 入渗模型参数求解了 Green - Ampt 入渗模型参数，然后将求解的 Green - Ampt 入渗模型参数分别代入式（7-17）和式（7-18），便可得到 Green - Ampt 入渗模型累积入渗量显函数 I 和显函数 II 的具体表达式，具体形式如表 7-3 所示。

表 7-3　　　　　Green - Ampt 入渗模型累积入渗量显函数及其参数值

供试土壤	显函数 I			显函数 II		
	K_s	S_f	表达式	K_s	S_f	表达式
烟台	0.0138	33.9872	$I=13.9348\ (e^{0.0424\sqrt{t}}-1)$	0.0138	30.8975	$I=12.6679\ (e^{0.0467\sqrt{t}}-1)$
榆林	0.0065	62.5972	$I=26.1012\ (e^{0.0213\sqrt{t}}-1)$	0.0065	56.9066	$I=23.7284\ (e^{0.0234\sqrt{t}}-1)$
洛川	0.0136	20.4208	$I=8.7406\ (e^{0.0532\sqrt{t}}-1)$	0.0136	18.5644	$I=7.9460\ (e^{0.0585\sqrt{t}}-1)$
杨凌 1	0.0057	28.6517	$I=12.9892\ (e^{0.0283\sqrt{t}}-1)$	0.0057	26.0469	$I=11.8084\ (e^{0.0311\sqrt{t}}-1)$
杨凌 2	0.0144	28.9592	$I=5.2713\ (e^{0.0705\sqrt{t}}-1)$	0.0144	26.3266	$I=4.7921\ (e^{0.0775\sqrt{t}}-1)$

(四) 不同条件下 Green‑Ampt 入渗模型累积入渗量显函数的验证

为验证 Green‑Ampt 入渗模型累积入渗量显函数 I 和显函数 II 在不同土壤质地及大田入渗试验条件下的计算精度和适应性，利用表 7‑3 中给出的显函数 I 和显函数 II 计算几种试验供试土壤的累积入渗量，然后与实测的累积入渗量进行比较分析。如图 7‑5 所示给出了利用显函数 I 和显函数 II 计算的累积入渗量与实测累积入渗量之间的关系。如表 7‑4 所示给出了累积入渗量计算值与实测值之间的整体相对误差 IRE 和均方根误差 $RMSE$。

表 7‑4   显函数 I 和显函数 II 累积入渗量计算值的误差表

供试土壤	显函数 I				显函数 II			
	拟合方程	决定系数 R^2	IRE （%）	$RMSE$	拟合方程	决定系数 R^2	IRE （%）	$RMSE$
烟台	$I_{计}=1.0001I_{实}$	0.9938	0.01	0.13	$I_{计}=1.0153I_{实}$	0.9937	1.53	0.15
榆林	$I_{计}=0.9966I_{实}$	0.9991	0.34	0.05	$I_{计}=1.004I_{实}$	0.9991	0.40	0.05
洛川	$I_{计}=1.0033I_{实}$	0.9947	0.33	0.09	$I_{计}=1.0211I_{实}$	0.9945	2.11	0.11
杨凌 1	$I_{计}=0.9967I_{实}$	0.9909	0.33	0.09	$I_{计}=1.0067I_{实}$	0.9909	0.67	0.09
杨凌 2	$I_{计}=1.0198I_{实}$	0.9968	1.98	0.09	$I_{计}=1.0488I_{实}$	0.9961	4.88	0.16

注 IRE 为整体相对误差，等于 $|1-a|\times100\%$，a 为拟合方程 $I_{计}=aI_{实}$ 的系数。

由图 7‑5 可知，室内入渗试验和田间入渗试验条件下，利用显函数 I 和显函数 II 计算的烟台、榆林、洛川和杨凌几种供试土壤的累积入渗量与实测值比较接近，累积入渗量基本落在 1∶1 直线附近，这表明建立的 Green‑Ampt 入渗模型累积入渗量显函数 I 和显函数 II 的精度较高，可利用显函数 I 和显函数 II 模拟土壤水分入渗过程。

为更加定量化分析显函数 I 和显函数 II 的计算精度，求解了显函数 I 和显函数 II 的计算结果的整体相对误差和均方根误差。分析表 7‑4 可知，利用显函数 I 计算的几种供试土壤累积入渗量的 IRE 和 $RMSE$ 分别为 0.01%、0.34%、0.33%、0.33%、1.98% 和 0.13、0.05、0.09、0.09、0.09。利用显函数 II 计算的几种供试土壤累积入渗量的 IRE 和 RMSE 分别为 1.53%、0.40%、2.11%、0.67%、4.88% 和 0.15、0.05、0.11、0.09、0.16。显函数 I 和显函数 II 累积入渗量计算结果的误差都较小，相比而言，显函数 I 累积入渗量计算结果的误差相对更小。土壤质地不同时显函数 I 和显函数 II 的计算精度都有较大差别。与室内试验条件下显函数 I 和显函数 II 的计算精度相比，田间试验条件下显函数 I 和显函数 II 的计算精度都有所降低，这可能是影响田间入渗的因素较多造成的。

(五) 显函数 I 和显函数 II 与参考文献 [6] 中模型的比较

参考文献 [6] 在推求 Green‑Ampt 入渗模型参数和 Philip 入渗模型参数转换关系的基础上，通过分析 Green‑Ampt 入渗模型和 Philip 入渗模型计算入渗率的方程，建立了 Green‑Ampt 入渗模型入渗率的显示近似解，同时也建立了 Green‑Ampt 入渗模型累积

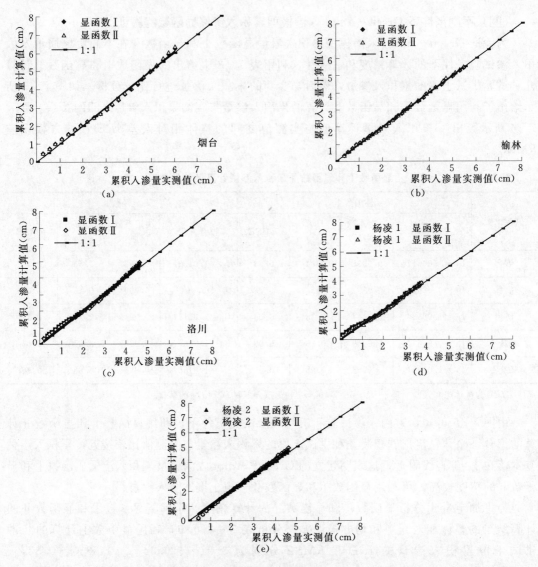

图7-5 显函数Ⅰ和显函数Ⅱ计算的累积入渗量与实测值的关系图

入渗量的显示近似解,如式(7-19),但未对其进行检验。

$$I = 2\sqrt{bK_s\Delta\theta S_f t} \tag{7-19}$$

为进一步验证 Green-Ampt 入渗模型累积入渗量显函数Ⅰ和显函数Ⅱ的计算精度和适用性,首先利用式(7-13)推求了式(7-19)中的参数,然后利用式(7-19)计算了几种试验供试土壤的累积入渗量,最后比较分析了 Green-Ampt 入渗模型累积入渗量显函数Ⅰ、显函数Ⅱ和式(7-19)累积入渗量计算结果的整体相对误差和均方根误差。如图7-6所示给出了利用式(7-19)计算的累积入渗量与实测值之间的关系。为清晰计,如表7-5所示给出了不同土壤质地和大田入渗试验条件下式(7-19)计算的累积入渗量与实测累积入渗量之间的整体相对误差和均方根误差。

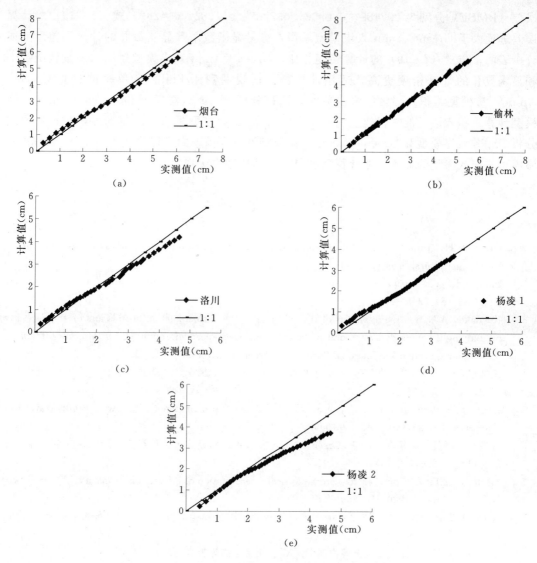

图 7 - 6 式（7 - 19）计算的累积入渗量与实测值的关系图

表 7 - 5   式（7 - 19）累积入渗量计算值的误差表

显函数	烟台	榆林	洛川	杨凌 1	杨凌 2
拟合方程	$I_{计}=0.9506I_{实}$	$I_{计}=1.0192I_{实}$	$I_{计}=0.9319I_{实}$	$I_{计}=0.9941I_{实}$	$I_{计}=0.8596I_{实}$
决定系数 R^2	0.9870	0.9971	0.9858	0.9863	0.9798
IRE（%）	4.94	1.92	6.81	0.59	14.04
RMSE	0.2489	0.0993	0.2237	0.1082	0.4262

由图 7 - 6 和表 7 - 5 可知，式（7 - 19）的计算误差相对较大，其中利用式（7 - 19）计算的几种供试土壤累积入渗量的整体相对误差（IRE）分别为 4.94%、1.92%、6.81%、0.59% 和 14.04%。利用式（7 - 19）计算的几种供试土壤累积入渗量的均方根

误差（RMSE）分别为 0.2489、0.0993、0.2237、0.1082、0.4262。式（7-19）的计算误差远远大于 Green-Ampt 入渗模型累积入渗量显函数Ⅰ和显函数Ⅱ的计算误差。上述分析表明，与式（7-19）的计算精度相比，Green-Ampt 入渗模型累积入渗量显函数Ⅰ和显函数Ⅱ的计算精度更高，适用性更强。这说明利用 Philip 入渗模型建立 Green-Ampt 入渗模型累积入渗量的显函数时，通过分析 Philip 入渗模型和 Green-Ampt 入渗模型计算累积入渗量的方程建立的 Green-Ampt 入渗模型累积入渗量的显函数，比通过分析 Philip 入渗模型和 Green-Ampt 入渗模型计算入渗率的方程建立的 Green-Ampt 入渗模型累积入渗量的显函数的计算精度更高，适应性也更强。

参 考 文 献

[1] Green W H, Ampt G A. Studies on soil physics：I. Flow of air and water through soils [J]. Journal of Agricultural Science, 1911, 4 (1)：1-24.

[2] Philip J R. The theory of infiltration：1. The infiltration equation and its solution [J]. Soil Sci, 1957, 83 (5)：345-357.

[3] Kostiakov A N. On the dynamics of the coefficient of water percolation in soils and on the necessity of studying it from a dynamic point of view for purposes of amelioration [C]. Moscow：Transactions Communication International Society Soil Science 6th, 1932：17-21.

[4] 王文焰，汪志荣，王全九，等. 黄土中 Green-Ampt 入渗模型的改进与验证 [J]. 水利学报，2003，(5)：30-34.

[5] Barry D A, Parlange J Y, Li L, et al. Green-Ampt approximations [J]. Advances in Water Resources, 2005, 28 (10)：1003-1009.

[6] 张振华，潘英华，蔡焕杰，等. Green-Ampt 模型入渗率显式近似解研究 [J]. 农业系统科学与综合研究，2006，22 (4)：308-311.

[7] Horton, R. E. An approach to ward a physical interpretation of infiltration-capacity [J]. Soil Sci. Soc. Am. Proc., 1940, 5：399-417.

[8] 陈力，刘青泉，李家春. 坡面降雨入渗产流规律的数值模拟研究 [J]. 泥沙研究，2001，4：61-67.

[9] 邵明安，王全九，黄明斌. 土壤物理学 [M]. 北京：高等教育出版社，2006.

[10] Machiwal D, Jha M K, Mal B C. Modelling infiltration and quantifying spatial soil variability in a wasteland of kharagpur, India [J]. Biosystems Engineering, 2006, 95 (4)：569-582.

[11] 张振华，谢恒星，刘继龙，等. 基于图形特征的 Green-Ampt 入渗模型关键参数 Sf 和 Ks 的简化求解 [J]. 土壤学报，2006，43 (2)：203-208.

[12] 王全九，来剑斌，李毅. Green-Ampt 模型与 Philip 入渗模型的对比分析 [J]. 农业工程学报，2002，18 (2) 13-16.

[13] Bagarello V, Iovino M, Elrick D. A simplified falling-head technique for rapid determination of field-saturated hydraulic conductivity [J]. Soil Sci. Soc. Am. J. 2004, 68：66-73.

[14] 王全九，来剑斌，李毅. Green-Ampt 模型与 Philip 入渗模型的对比分析 [J]. 农业工程学报，2002，18 (2) 13-16.

第八章 土壤入渗特性的分形特征与土壤传递函数研究

如何准确获得较大尺度上的土壤入渗特性参数一直是农业、土壤、水科学等诸多领域所关注的重要问题。受土壤结构、土壤质地和土地利用方式等各种自然因素和人为因素的影响[1-12]，土壤入渗特性具有强烈的空间变异性[13-22]，这使得这一领域的研究面临许多困难。研究表明，尺度较大和精度要求不高时，可以通过建立土壤入渗特性的土壤传递函数快速准确地获取土壤水分入渗参数。目前建立土壤转换函数的主要依据是分析某一尺度上土壤入渗特性与影响因素的相关性。但土壤入渗特性的空间变异性是不同尺度上各种过程和因素共同作用的结果，且每个过程和因素的影响强度随空间尺度的变化而变化[23,24]。研究土壤入渗特性的空间变异性和建立土壤入渗特性的土壤转换函数时，应充分考虑不同空间尺度下各因素的影响特征和影响强度[25]。因此，研究土壤入渗特性的空间变异性以及土壤入渗特性与影响因素在多尺度上的相关性，从而建立土壤入渗特性的土壤传递函数，在土壤入渗参数获取、水文产流计算、大尺度水文转换和水资源高效利用等方面具有重要理论与现实意义。

第一节 土壤入渗特性的多重分形分析

一、数据来源

试验地位于杨凌的一林地内。林地所栽树种为七叶树、樱花和广玉兰，树龄各为 5 年、5 年和 3 年。在一南北方向的横断面上每隔 15m 布置一入渗测点，共布置 32 个入渗测点，如图 8-1 所示。试验开始前在各测点 1m 处挖一剖面，分两层（0～20cm 土层和 20～40cm 土层）用体积为 100cm³ 的环刀取原状土土样，并用袋装散土土样。

图 8-1 采样点布局图（单位：m）

土壤入渗特性用野外入渗仪测定。入渗环内地表水位用马氏瓶控制在 5cm 左右，入渗过程中记录入渗时间和累积入渗量，每个测点重复 2～3 次，32 个测点共测 81 次。土壤容重用烘干法测定。有机质含量用稀释热法测定，每个样品重复 3 次，取平均值。用

Mastersizer2000 激光粒度仪进行土壤颗粒分析，分为黏粒（<0.001mm）、粗粉粒（0.01~0.05mm）和砂粒（0.05~1mm）3 类。本章节中各个测点的土壤基本物理特性数据取各测点 0~40cm 土层的平均值。

二、土壤入渗特性的变异系数分析

本章在下文计算稳定入渗率和前 30min 累积入渗量的多重分形参数及其与影响因素的联合多重分形参数时，由于稳定入渗率和前 30min 累积入渗量存在极端值，利用相关公式计算多重分形和联合多重分形参数时，导致有关公式的拟合精度不高，因此，对稳定入渗率和前 30min 累积入渗量进行平方根转换处理。同时为保证本章前后分析所用稳定入渗率和前 30min 累积入渗量一致，本章所用稳定入渗率和前 30min 累积入渗量数据均为平方根转换处理后的数据。如表 8-1 所示给出了单一尺度上稳定入渗率、前 30min 累积入渗量、土壤基本物理特性的变异系数以及稳定入渗率、前 30min 累积入渗量与土壤基本物理特性之间的相关系数。

表 8-1 单一尺度上土壤入渗特性与土壤基本物理特性的特征统计值

模型参数	SIR	I	CL	SI	SA	DB	OM
CV	0.81	0.48	0.36	0.11	0.56	0.06	0.27
R_{SIR}			−0.39	−0.39	0.14	−0.14	−0.12
R_I			−0.36	−0.41	0.17	−0.08	−0.12

注 SIR 为稳定入渗率；I 为前 30min 累积入渗量；CV 为变异系数；R_{SIR}、R_I 为 SIR、I 与 CL、SI、SA、Db 和 OM 的相关系数。

从表 8-1 可以看出，单一尺度上稳定入渗率和前 30min 累积入渗量的变异系数分别为 0.81 和 0.48，两者变异系数均介于 0.1~1 之间，说明稳定入渗率和前 30min 累积入渗量具有中等变异性。稳定入渗、前 30min 累积入渗量分别与土壤容重（DB）、有机质含量（OM）、砂粒含量（SA）、粗粉粒含量（SI）、黏粒含量（CL）之间的相关系数表明，单一尺度上稳定入渗率与粗粉粒含量、黏粒含量之间的相关程度最高，相关系数分别为 −0.39 和 −0.39。前 30min 累积入渗量同样与粗粉粒含量、黏粒含量之间的相关程度最高，相关系数分别为 −0.41 和 −0.36。也就是说，单一尺度上粗粉粒含量、黏粒含量的空间分布特征对稳定入渗率空间分布特征的影响最为显著。前 30min 累积入渗量的空间分布特征也主要受粗粉粒含量、粘粒含量的空间分布特征影响。

三、土壤入渗特性的多重分形分析

为利用多重分形方法研究分析稳定入渗率和前 30min 累积入渗量的空间变异性，利用有关公式求解了 $-3 \leqslant q \leqslant 3$ 时，稳定入渗率和前 30min 累积入渗量的多重分形参数。如图 8-2 和图 8-3 所示分别为稳定入渗率和前 30min 累积入渗量的 $D(q)—q$ 关系曲线。如图 8-4 和图 8-5 所示分别为稳定入渗率和前 30min 累积入渗量的多重分形谱。同时为更清晰明确地表示各多重分形参数，将稳定入渗率和前 30min 累积入渗量的 D_0、D_1、D_2 列于表 8-2。将稳定入渗率和前 30min 累积入渗量的多重分形谱宽度如表 8-3 所示。

（一）土壤入渗特性的 $D(q)$ —q 曲线

从图 8-2 和图 8-3 可以看出，当 $q \geqslant 0$ 时，随 q 的增加，稳定入渗率和前 30min 累积入渗量广义维数 $D(q)$ 的减小趋势都比较明显。相比而言，稳定入渗率 $D(q)$ 值的减小趋势比前 30min 累积入渗量 $D(q)$ 的减小趋势更加明显。由表 8-2 可知，稳定入渗率的 D_0、D_1、D_2 分别为 1、0.894、0.816，前 30min 累积入渗量的 D_0、D_1、D_2 分别为 1、0.963、0.925。根据多重分形的原理可知，研究区域稳定入渗率和前 30min 累积入渗量的多重分形特征都比较明显。

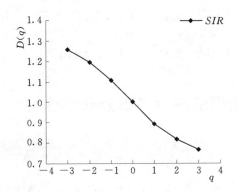

图 8-2　稳定入渗率的 $D(q)$ —q 关系曲线

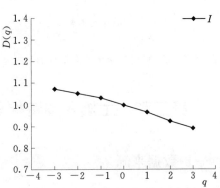

图 8-3　前 30min 累积入渗量的 $D(q)$ —q 关系曲线

表 8-2　　　　　　　　　稳定入渗率和前 30min 累积入渗量的 $D(q)$

模型参数	D_0	D_1	D_2
SIR	1	0.894	0.816
I	1	0.963	0.925

（二）土壤入渗特性的 $f(q)$ —$\alpha(q)$ 曲线

由表 8-3 可知，稳定入渗率的多重分形谱宽度为 0.794，前 30min 累积入渗量的多重分形谱宽度为 0.308，稳定入渗率和前 30min 累积入渗量的多重分形谱宽度都较大。由多重分形原理可知，稳定入渗率和前 30min 累积入渗量的空间变异性都较强，且稳定入渗率的空间变异性强于前 30min 累积入渗量的空间变异性，这与上文变异系数的分析结果一致。此外，分析图 8-4 和图 8-5 可知，稳定入渗率的多重分形谱比较对称，前 30min 累积入渗量多重分形谱的偏左趋势比较明显。由多重分形原理可知，前 30min 累积入渗量的空间变异性由前 30min 累积入渗量的高值分布引起。

表 8-3　　　　　　　　稳定入渗率和前 30min 累积入渗量的多重分形谱宽度表

模型参数	$\alpha_{min}(q)$	$\alpha_{max}(q)$	$\alpha_{max}(q) - \alpha_{min}(q)$
SIR	0.684	1.478	0.794
I	0.825	1.133	0.308

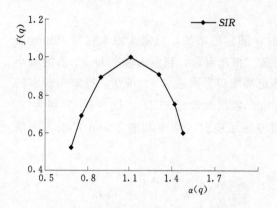

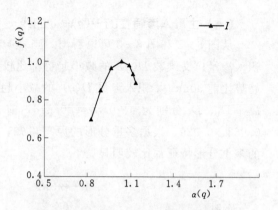

图 8-4 稳定入渗率的多重分形谱　　　　图 8-5 前 30min 累积入渗量的多重分形谱

第二节　土壤入渗特性与影响因素的联合多重分形分析

一、数据来源

本节利用联合多重分形方法研究分析稳定入渗率、前 30min 累积入渗量分别与土壤基本物理特性在多尺度上的相互关系时，所用土壤入渗特性以及土壤基本物理特性数据与本章第一节所用数据一致。

二、土壤入渗特性与影响因素的联合多重分形分析

利用联合多重分形方法研究分析稳定入渗率、前 30min 累积入渗量分别与土壤容重、有机质含量、砂粒含量、粗粉粒含量、黏粒含量在多尺度上的相关性时，相关参数质量概率统计矩的阶的取值范围为 $[-3, 3]$，即 $-3 \leqslant q \leqslant 3$。绘制稳定入渗率与土壤容重、粗粉粒含量、有机质含量、砂粒含量、黏粒含量的联合多重分形谱时，联合多重分形参数 $\alpha^1(q^1, q^2)$ 记为 α_{Db}、α_{SI}、α_{OM}、α_{SA}、α_{CL}，联合多重分形参数 $\alpha^2(q^1, q^2)$ 记为 α_{SIR}。绘制前 30min 累积入渗量与土壤容重、粗粉粒含量、有机质含量、砂粒含量、黏粒含量的联合多重分形谱时，联合多重分形参数 $\alpha^1(q^1, q^2)$ 同样记为 α_{Db}、α_{SI}、α_{OM}、α_{SA}、α_{CL}，联合多重分形参数 $\alpha^2(q^1, q^2)$ 记为 α_I。

（一）稳定入渗率与影响因素的联合多重分形分析

稳定入渗率与土壤容重、粗粉粒含量、砂粒含量、有机质含量、黏粒含量的联合多重分形谱如图 8-6 所示。从图 8-6 可以看出，稳定入渗率与土壤容重、粗粉粒含量、砂粒含量、有机质含量、黏粒含量联合多重分形谱之间的差异比较显著。由联合多重分形原理可知，可通过分析稳定入渗率与土壤容重、粗粉粒含量、砂粒含量、有机质含量、黏粒含量联合多重分形谱的灰度图，来确定稳定入渗率与土壤容重、粗粉粒含量、砂粒含量、有机质含量、黏粒含量在多尺度上的相关性。如图 8-7 所示给出了稳定入渗率与土壤容重、粗粉粒含量、砂粒含量、有机质含量、黏粒含量联合多重分形谱的灰度图。

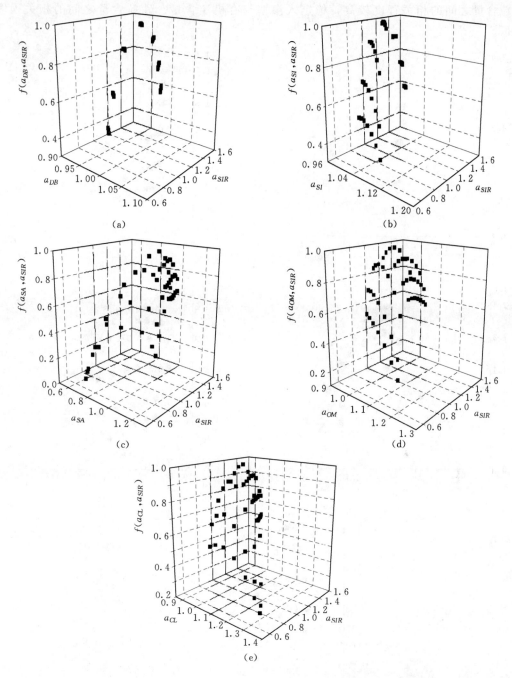

图 8-6　稳定入渗率与 DB、SI、SA、OM、CL 的联合多重分形谱图

从图 8-7 可以看出，稳定入渗率与土壤容重、粗粉粒含量、黏粒含量的联合多重分形谱的灰度图相对比较集中且沿对角线方向延伸的趋势比较明显，稳定入渗率与有机质含量、砂粒含量的联合多重分形谱的灰度图相对比较分散且沿对角线方向延伸的趋势比较差。根据联合多重分形原理的可知，在多尺度上，稳定入渗率与土壤容重、粗粉粒含量、

黏粒含量之间的相关程度较高，稳定入渗率与有机质含量、砂粒含量之间的相关程度较低。

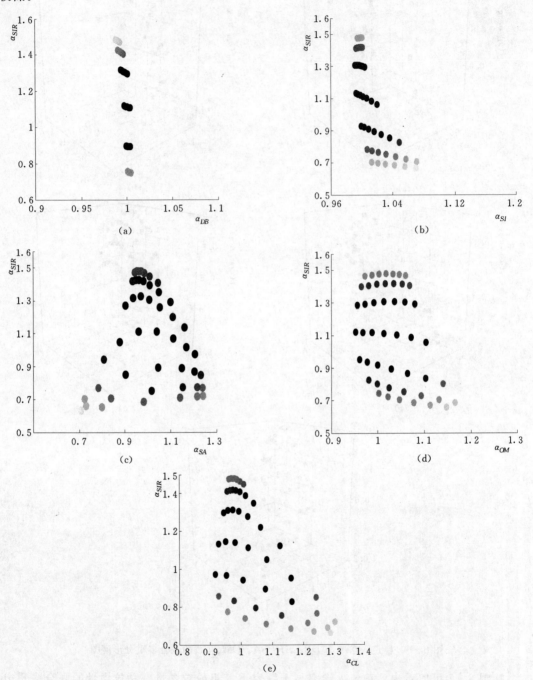

图 8-7　稳定入渗率与 *DB*、*SI*、*SA*、*OM*、*CL* 联合多重分形谱的灰度图

　　为进一步量化分析稳定入渗率与土壤容重、粗粉粒含量、砂粒含量、有机质含量、黏粒含量在多尺度上的相关程度，求解了联合奇异指数 α_{SIR} 与联合奇异指数 α_{DB}、α_{SI}、α_{SA}、

α_{OM}、α_{CL} 之间的相关系数，具体计算结果如表 8-4 所示。从表 8-4 可以看出，α_{SIR} 与 α_{DB}、α_{SI}、α_{CL} 之间的相关程度最高，相关系数分别为 -0.88、-0.78、-0.68。α_{SIR} 与 α_{OM}、α_{SA} 之间的相关程度较低，相关系数分别为 -0.47、0.11。由联合多重分形的原理可知，多尺度上，稳定入渗率与土壤容重、粗粉粒含量、黏粒含量之间的相关程度最高，稳定入渗率与有机质含量、砂粒含量之间的相关程度较低。也就是说，多尺度上，研究区域土壤容重、粗粉粒含量、黏粒含量的空间分布特征对稳定入渗率的空间分布特征影响程度最显著，有机质含量、砂粒含量的空间分布特征对稳定入渗率的空间分布特征影响程度较低。

表 8-4　　　　稳定入渗率与土壤基本物理特性联合奇异指数的相关系数表

模型参数	α_{DB}	α_{SI}	α_{SA}	α_{OM}	α_{CL}
α_{SIR}	-0.88	-0.78	0.11	-0.47	-0.68

（二）前 30min 累积入渗量与影响因素的联合多重分形分析

前 30min 累积入渗量与土壤容重、粗粉粒含量、砂粒含量、有机质含量、黏粒含量的联合多重分形谱如图 8-8 所示。前 30min 累积入渗量与土壤容重、粗粉粒含量、砂粒含量、有机质含量、黏粒含量联合多重分形谱的灰度图如图 8-9 所示。

从图 8-8 可以看出，前 30min 累积入渗量与土壤容重、粗粉粒含量、砂粒含量、有机质含量、黏粒含量联合多重分形谱之间的差异比较显著。由图 8-9 可知，前 30min 累积入渗量与粗粉粒含量、黏粒含量联合多重分形谱的灰度图相对比较集中且沿对角线方向延伸的趋势最明显，前 30min 累积入渗量与有机质含量、砂粒含量、土壤容重联合多重分形谱的相对图相对比较分散且沿对角线方向延伸的趋势较差。由联合多重分形原理可知，在多尺度上，前 30min 累积入渗量与粗粉粒含量、黏粒含量之间的相关程度最高，前 30min 累积入渗量与有机质含量、砂粒含量、土壤容重之间的相关程度较低。

为进一步量化分析前 30min 累积入渗量与土壤容重、粗粉粒含量、砂粒含量、有机质含量、黏粒含量在多尺度上的相关程度，求解了联合奇异指数 α_I 与 α_{DB}、α_{SI}、α_{SA}、α_{OM}、α_{CL} 之间的相关系数，如表 8-5 所示给出了具体的计算结果。从表 8-5 可以看出，α_I 与 α_{SI}、α_{CL} 之间的相关程度最高，相关系数分别为 -0.85、-0.74。α_I 与 α_{OM}、α_{SA}、α_{DB} 之间的相关程度较低，相关系数分别为 -0.51、0.30、-0.28。由联合多重分形的原理可知，多尺度上，前 30min 累积入渗量与粗粉粒含量、黏粒含量之间的相关程度最高，前 30min 累积入渗量与有机质含量、砂粒含量、土壤容重之间的相关程度较低。也就是说，多尺度上，粗粉粒含量、黏粒含量的空间分布特征对前 30min 累积入渗量的空间分布特征影响程度最显著，有机质含量、砂粒含量、土壤容重的空间分布特征对前 30min 累积入渗量的空间分布特征影响程度相对较低。

表 8-5　　　前 30min 累积入渗量与土壤基本物理特性联合奇异指数的相关系数表

模型参数	α_{DB}	α_{SI}	α_{SA}	α_{OM}	α_{CL}
α_I	-0.28	-0.85	0.30	-0.51	-0.74

稳定入渗率和前 30min 累积入渗量分别与影响因素之间的相关特征，在单一尺度和

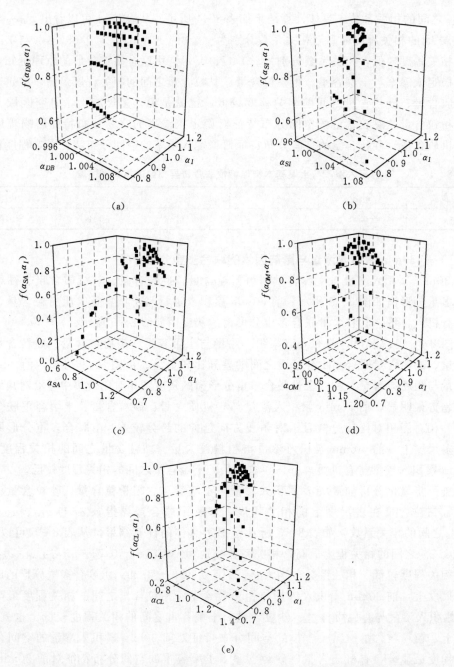

图 8-8　前 30min 累积入渗量与 DB、SI、SA、OM、CL 的联合多重分形谱图

多尺度上都不完全相同，说明单一尺度上的相关性分析不一定能够完整地揭示出稳定入渗率和前 30min 累积入渗量分别与影响因素之间的相关特性。为深入揭示造成稳定入渗率和前 30min 累积入渗量空间变异性的因素，应加强稳定入渗率和前 30min 累积入渗量的空间变异性及其与影响因素的尺度相关性研究。建立较大尺度上稳定入渗率和前 30min 累积入渗量的土壤传递函数时，应考虑空间尺度的影响，以提高稳定入渗率和前 30min

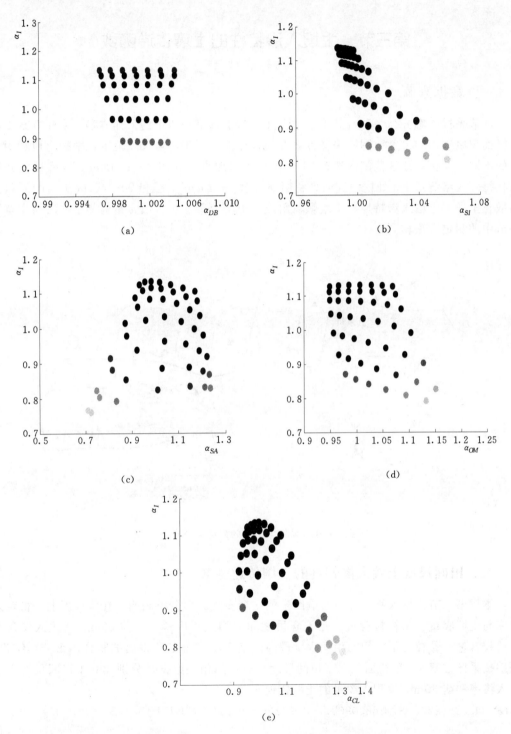

图 8-9 前 30min 累积入渗量与 *DB*、*SI*、*SA*、*OM*、*CL* 联合多重分形谱的灰度图

累积入渗量土壤传递函数的适应性和精度。

第三节　土壤入渗特性的土壤传递函数

一、数据来源

本节采样方案分为 2 种，其中采样方案 1 为本章第一节中的采样方案，采样方案 1 的采样面积属于田间尺度范围。采样方案 2 的采样面积属于区域尺度范围，根据土地利用方式的不同，在杨凌地区范围内选择 21 个典型入渗测点，如图 8－10 所示。入渗试验开始前在每一入渗测点 1m 处挖一剖面，利用环刀取 0～20cm 土层和 20～40cm 土层的原状土与散土土样。土壤入渗特性、土壤颗粒组成、土壤容重、有机质含量的测定方法与本章第一节中的测定方法相同。

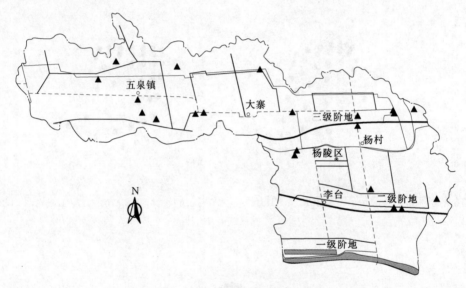

图 8－10　采样方案 2 的采样点分布图

二、田间尺度土壤入渗特性的土壤传递函数

本章第二节土壤入渗特性与影响因素的联合多重分形分析表明，在多尺度上，稳定入渗率与土壤容重、粗粉粒含量、黏粒含量之间的相关程度最高，前 30min 累积入渗量与粗粉粒含量、黏粒含量之间的相关程度最高。基于本章第二节得出的联合多重分形结论，利用按采样方案 1（采样面积属于田间尺度）获得的相关数据，分别建立了田间尺度上稳定入渗率和前 30min 累积入渗量的土壤传递函数。

$$SIR = 4.98 - 22.53SI + 68.09CL^2 - 1.94Db^2 - 9.02CL \times DB + 15.39SI \times Db \quad R = 0.6725$$
$$(8-1)$$

$$I = 3.05 - 168.77CL + 27.50SI + 419.01CL^2 - 50.06SI^2 + 203.86CL \times SI \quad R = 0.6052$$
$$(8-2)$$

式（8－1）和式（8－2）分别为利用联合多重分形分析得出的结论建立的田间尺度上

考虑尺度效应的稳定入渗率和前30min累积入渗量的土壤传递函数,其中稳定入渗率土壤传递函数的相关系数为0.6725,显著性达到0.01,前30min累积入渗量土壤传递函数的相关系数0.6052,显著性达到0.05。田间尺度上稳定入渗率土壤传递函数计算值与实测稳定入渗率之间的关系如图8-11所示。前30min累积入渗量土壤传递函数计算值与实测前30min累积入渗量之间的关系如图8-12所示。

从图8-11和图8-12可以看出,除个别测点外,基于联合多重分形分析得出的结论建立的稳定入渗率和前30min累积入渗量的土壤传递函数计算的稳定入渗率和前30min累积入渗量与实测值都比较接近。其中稳定入渗率土壤传递函数计算值的均方根误差(RMSE)为0.1432;前30min累积入渗量土壤传递函数计算值的均方根误差(RMSE)为0.8019。稳定入渗率和前30min累积入渗量土壤传递函数的计算精度都较高,可用于估算田间尺度上的稳定入渗率和前30min累积入渗量。

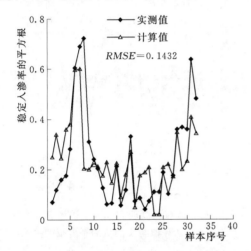

图8-11 田间尺度稳定入渗率土壤传递
函数计算值与实测值的平方根的关系

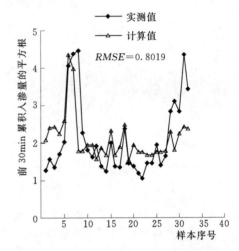

图8-12 田间尺度前30min累积入渗量土壤
传递函数计算值与实测值的平方根的关系

三、区域尺度土壤入渗特性的土壤传递函数

为建立杨凌地区稳定入渗率和前30min累积入渗量的土壤传递函数,同时验证本章第二节中土壤入渗特性与影响因素的联合多重分形分析结果,将本章第二节以采样方案1(采样面积属于田间尺度)获取的相关数据为例得出的联合多重分形结论进行尺度扩展,应用到区域尺度上。利用采样方案2(采样面积属于区域尺度)获取的相关数据,分别建立了区域尺度上稳定入渗率和前30min累积入渗量的土壤传递函数。

$$SIR = 4.36 - 87.73CL + 4.80DB^2 + 55.94SI^2 + 62.11DB \times CL - 38.89DB \times SI \quad R = 0.5212$$
$$(8-3)$$

$$I = 254.31 + 68.83CL - 1045.51SI - 440.70CL^2 + 1079.25SI^2 \quad R = 0.4336 \quad (8-4)$$

式(8-3)和式(8-4)分别为利用田间尺度上联合多重分形分析得出的结论建立的区域尺度上稳定入渗率和前30min累积入渗量的土壤传递函数。其中稳定入渗率土壤传递函数的相关系数为0.5212,前30min累积入渗量土壤传递函数的相关系数为0.4336。

图 8-13 给出了区域尺度上稳定入渗率土壤传递计算值与实测值之间的关系，图 8-14 给出了区域尺度上前 30min 累积入渗量土壤传递函数计算值与实测值之间的关系。

从图 8-14 可以看出，除个别测点外，基于田间尺度上联合多重分形分析得出的结论建立的区域尺度上稳定入渗率和前 30min 累积入渗量的土壤传递函数计算的稳定入渗率和前 30min 累积入渗量与实测值都比较接近，计算精度较高。其中稳定入渗率土壤传递函数计算值的均方根误差（$RMSE$）为 0.1855，前 30min 累积入渗量土壤传递函数计算值的均方根误差（$RMSE$）为 0.9823。所建模型可用于估算较大尺度上的稳定入渗率和前 30min 累积入渗量，这可为构建考虑尺度效应的区域尺度上土壤入渗特性的土壤传递函数提供参考。

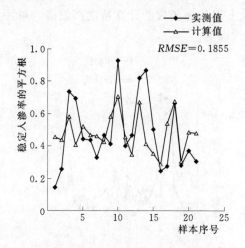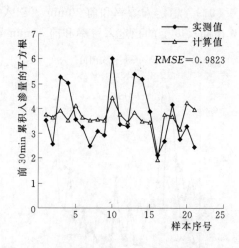

图 8-13　区域尺度稳定入渗率土壤传递
函数计算值与实测值的平方根的关系

图 8-14　区域尺度前 30min 累积入渗量土壤
传递函数计算值与实测值的平方根的关系

比较分析田间尺度和区域尺度上稳定入渗率和前 30min 累积入渗量土壤传递函数的计算精度可以发现，除个别测点外，田间尺度和区域尺度上稳定入渗率和前 30min 累积入渗量土壤传递函数的计算值都比较接近实测值，计算精度较高，可用于估算田间尺度和区域尺度上的稳定入渗率和前 30min 累积入渗量。可以将田间尺度上联合多重分形分析得出的结论进行尺度扩展，应用到区域尺度上，建立区域尺度上稳定入渗率和前 30min 累积入渗量的土壤传递函数，且建立的土壤传递函数有较强的理论基础和较高的计算精度，这可为构建考虑尺度效应的区域尺度上土壤入渗特性的土壤传递函数提供参考与指导。

参 考 文 献

［1］　赵勇钢，赵世伟，曹丽花，等．半干旱典型草原区退耕地土壤结构特征及其对入渗的影响［J］．农业工程学报，2008，24（6）：14-20.

［2］　马晓刚，张兵，史东梅，等．丘陵区不同土地利用类型紫色土入渗特征研究［J］．水土保持学报，2007，21（5）：25-29.

［3］　解文艳，樊贵盛．土壤质地对土壤入渗能力的影响［J］．太原理工大学学报，2004，35（5）：537-

540.

[4] Franzluebbers A J. Water infiltration and soil structure related to organic matter and its stratification with depth [J]. Soil & Tillage Research, 2002, 66: 197 - 205.

[5] 王慧芳, 邵明安. 含碎石土壤水分入渗试验研究 [J]. 水科学进展, 2006, 17 (5): 604 - 609.

[6] 陈洪松, 邵明安, 王克林. 土壤初始含水率对坡面降雨入渗及土壤水分再分布的影响 [J]. 农业工程学报, 2006, 22 (1): 44 - 47.

[7] 李雪转, 樊贵盛. 土壤有机质含量对土壤入渗能力及参数影响的试验研究 [J]. 农业工程学报, 2006, 22 (3): 188 - 190.

[8] 牛伊宁, 沈禹颖, 高崇岳, 等. 覆盖和耕作对黄土高原冬小麦土壤入渗特性的影响 [J]. 山地学报, 2006, 24 (1): 13 - 18.

[9] 王珍, 冯浩. 秸秆不同还田方式对土壤入渗特性及持水能力的影响 [J]. 农业工程学报, 2010, 26 (4): 75 - 80.

[10] 潘云, 吕殿青. 土壤容重对土壤水分入渗特性影响研究 [J]. 灌溉排水学报, 2009, 28 (2): 59 - 61, 77.

[11] 吴继强, 张建丰, 高瑞. 不同大孔隙深度对土壤水分入渗特性的影响 [J]. 水土保持学报, 2009, 23 (5): 91 - 95.

[12] 王慧勇, 张宏, 刘世虹, 等. 保水剂混施用量对沙质土壤水分垂直入渗特性的影响 [J]. 水土保持研究, 2011, 18 (6): 22 - 24.

[13] 袁建平, 张素丽, 张春燕, 等. 黄土丘陵区小流域土壤稳定入渗速率空间变异 [J]. 土壤学报, 2001, 38 (4): 579 - 583.

[14] 郑丽萍, 郭建青, 徐海芳, 等. 山东禹城地区土壤入渗特性的空间变异研究 [J]. 节水灌溉, 2008, 11: 11 - 13.

[15] 颜永强, 段文标, 王晶. 莲花湖库区水源涵养林土壤入渗性能的空间分布特征 [J]. 中国水土保持科学, 2008, 6 (3): 88 - 93.

[16] 徐海芳, 郭建青, 郑丽萍. 鲁西北黄泛区农田土壤稳定入渗率空间变异性分析 [J]. 干旱地区农业研究, 2007, 25 (6): 132 - 135.

[17] Machiwal D, Jha M K, Mal B C. Modelling infiltration and quantifying spatial soil variability in a wasteland of kharagpur, India [J]. Biosystems Engineering, 2006, 95 (4): 569 - 582.

[18] 黄冠华. 土壤水力特性空间变异的试验研究进展 [J]. 水科学进展, 1999, 10 (4): 450 - 457.

[19] 贾宏伟, 康绍忠, 张富仓, 等. 石羊河流域平原区土壤入渗特性空间变异的研究 [J]. 水科学进展, 2006, 17 (4): 471 - 476.

[20] 姜娜, 邵明安, 雷廷武. 水蚀风蚀交错带坡面土壤入渗特性的空间变异及其分形特征 [J]. 土壤学报, 2005, 42 (6): 904 - 908.

[21] 颜永强, 段文标, 王晶. 莲花湖库区水源涵养林土壤入渗性能的空间分布特征 [J]. 中国水土保持科学, 2008, 6 (3): 88 - 93.

[22] 王康, 张仁铎, 王富庆, 等. 土壤水分运动空间变异性尺度效应的染色示踪入渗试验研究 [J]. 水科学进展, 2007, 18 (2): 158 - 163.

[23] Zeleke T B, Si, B C. Characterizing scale - dependent spatial relationships between soil properties using multifractal techniques [J]. Geoderma, 2006, 134 (3 - 4): 440 - 452.

[24] Zeleke T B, Si B C. Scaling relationships between saturated hydraulic conductivity and soil physical properties [J]. Soil Sci. Soc. Am. J. 2005, 69: 1691 - 1702.

[25] Tennekoon L, Boufadel M C, Lavallee D, et al. Multifractal anisotropic scaling of the hydraulic conductivity [J]. Water Resour. Res. 2003, 39 (7): 1193 - 1205.